海南省建筑节能与绿色建筑工程实例集

尹　波　许杰峰　主编

中国建筑工业出版社

图书在版编目（CIP）数据

海南省建筑节能与绿色建筑工程实例集/尹波，许杰峰主
编. —北京：中国建筑工业出版社，2016.4
ISBN 978-7-112-19272-4

Ⅰ. ①海… Ⅱ. ①尹…②许… Ⅲ. ①生态建筑-工程施工-海南省
Ⅳ. ①TU74

中国版本图书馆 CIP 数据核字（2016）第 059969 号

责任编辑：张幼平
责任设计：李志立
责任校对：李欣慰　张　颖

海南省建筑节能与绿色建筑工程实例集
尹　波　许杰峰　主编
＊
中国建筑工业出版社出版、发行（北京西郊百万庄）
各地新华书店、建筑书店经销
北京科地亚盟排版公司制版
北京市密东印刷有限公司印刷
＊
开本：787×1092 毫米　1/16　印张：14¼　字数：351 千字
2016 年 4 月第一版　　2016 年 4 月第一次印刷
定价：**58.00** 元
ISBN 978-7-112-19272-4
（28489）

编　委　会

主　编：尹　波　　许杰峰

副主编：周海珠　　李晓萍　　杨彩霞

参　编：胡家僖　李　军　吴　薇　张焦宏

　　　　李以通　丁宏研　陈　晨　张　蕊

　　　　耿云皓　王雯翡　魏慧娇　吴春玲

　　　　贾　华　吴　雄　魏　兴　张成昱

序

　　十八届五中全会提出将绿色发展作为国家战略纳入"十三五"发展规划中。习近平主席在 2015 年气候变化巴黎大会开幕式上的讲话也明确提出要发展绿色建筑，建立全国碳排放交易市场等。国务院发布的《关于加快推进生态文明建设的意见》和《国家新型城镇化规划（2014—2020)》明确提出发展建筑节能和绿色建筑的具体要求。随着生态文明建设、绿色发展及新型城镇化建设的推进，绿色建筑和建筑节能将迎来重大历史机遇。

　　海南省正迎来生态文明、绿色崛起、全面建设国际旅游岛的关键机遇期，建设领域的节能减排工作对于海南推动以生态保护和合理资源消耗为前提的生态发展模式、最终实现绿色崛起意义重大。2010 年 1 月，海南省政府出台《海南省太阳能热水系统建筑应用管理办法》（省政府 227 号令），在全省强制推广太阳能热水系统建筑应用并给予一定的建筑面积补偿或财政补助政策扶持，推广和实施效果走在全国前列。海南省正在推进新型城镇化综合试点，抓好特色风情小镇和美丽乡村建设，试点推行绿色生态小区发展。2013 年，海南省政府办公厅颁布了《关于转发海南省绿色建筑行动实施方案的通知》，截至 2015 年 12 月底，海南省累计完成新建绿色建筑项目 606 万 m^2，超额完成绿色行动实施方案目标。

　　建筑节能和绿色建筑的发展与应用只有在充分适应与契合地区资源环境和人文特点的情况下才能最大程度地发挥作用。为有效促进海南省建筑领域节能减排目标的落实，亟需整理出海南省"十二五"期间绿色建筑和建筑节能示范项目的工程做法，梳理出一套基于当地气候条件与民众生活习性的绿色节能重点工程建设经验，以更好地指导海南省未来绿色建筑和建筑节能的发展。基于此，中国建筑科学研究院组织相关专家编制了《海南省建筑节能与绿色建筑工程实例集》，详细梳理出 33 项典型示范项目，希望本书的出版能为海南省建筑节能和绿色建筑发展起到积极的引导作用，为海南省建筑节能和绿色建筑相关从业者提供参考，为扎实推进国际旅游岛建设、实现海南绿色崛起作出积极贡献。

中国建筑科学研究院　院长

中国绿色建筑委员会　副主任　　　王　俊

前　言

统计数据显示，目前我国建筑运行阶段能耗约为全社会终端能源消耗总量的20%～25%，若计入建筑材料生产、建筑建造以及建筑拆除阶段能源消耗，建筑能源消耗比重将提升至40%。随着社会经济的持续发展，人们生活水平不断提升，生活方式也在逐步改变，建筑能源消耗总量以及能源消耗比例还将进一步增长。习近平总书记在巴黎气候变化大会上明确提出要大力发展绿色建筑，将生态文明建设作为我国"十三五"规划的重要内容，形成人与自然和谐发展的现代化建设新格局。大力发展建筑节能、绿色建筑必然成为我国缓解能源紧缺和应对环境问题的重要内容。

海南省地处热带北缘，是我国最大的经济特区和唯一的热带岛屿省份，受海洋性热带季风气候影响，区域气候特点、资源条件和人文环境与我国内陆地区有显著不同，与同属夏热冬暖气候区的广东、广西、福建等地区也存在明显差异。然而，近年来海南省建筑节能与绿色建筑技术应用却基本参照了国家及地方标准中对夏热冬暖地区的统一要求，导致节能、绿色技术选用上针对性、适应性不强，建筑运行能耗偏高且室内舒适性较差。为有效引导海南省建筑节能、绿色建筑的建设与发展，海南省政府建立了一系列标准体系和技术规程，包括《海南省绿色建筑设计基本规程》、《海南省绿色建筑基本技术审查要点》、《海南省绿色建筑规划设计审查备案登记表》等涵盖绿色建筑全生命期的设计、管理文件，并正在组织编制《海南省住宅建筑节能和绿色设计标准》。

在建筑节能和绿色建筑技术应用方面，海南省经过多年的实践与探索，在技术选择、分析及应用方面积累了宝贵的经验。编制组对海南省建筑节能、绿色建筑以及太阳能光热应用等方面的案例进行了详细梳理，共筛选出绿色建筑案例12项，太阳能光热应用案例15项，建筑节能案例6项，分别从项目概况、技术应用策略、节能效果分析以及经验总结等方面进行了阐述与分析，以期为读者充分展现海南省在建筑节能和绿色建筑技术应用方面的技术探索，以及技术应用的实际效果，为未来海南省建筑节能与绿色建筑发展提供有益的参考。

本书的编写与出版受国家"十二五"科技支撑计划课题——热带海岛气候建筑节能重点技术与太阳能建筑应用研究及示范（2011BAJ01B05）资助，在编写过程中也得到了海南省住房与城乡建设厅、海口市住房与城乡建设局和三亚市住房与城乡建设局的大力支持，同时课题相关承担单位也积极参与了编写工作。希望本书的出版能为海南省建筑节能与绿色建筑技术的发展及其应用起到积极的引导作用。

本书所收录案例可为海南省建筑节能和绿色建筑的咨询、设计、施工等技术人员提供重要的参考，本书编者也尽可能客观、全面地阐述各项技术应用的形式及实际效果，但由于编者水平和认识上的局限，疏漏与不足之处在所难免，望广大读者朋友不吝赐教，斧正批评。

中国建筑科学研究院

2015 年 12 月

目　　录

第一部分　绿色建筑篇
PART Ⅰ　GREEN BUILDING

1. 三亚亚特兰蒂斯酒店

【三星级设计标识—公共建筑】

1.1 项目概况

三亚亚特兰蒂斯酒店位于三亚海棠湾滨海岸线中部，滨海路和风塘路交界处东侧，项目地上48层，地下1层，整个酒店一期工程建筑面积251040m²，用地面积114601.03m²，项目容积率1.571，绿化率40%，建筑密度29.85%，建筑高度226.20m，包括地下机电用房、后勤管理用房、员工餐厅、厨房、地上酒店配套商业、大堂、水族馆、宴会厅、餐厅、客房。

工程总投资7.8亿元，2013年12月23日完成项目立项，2014年12月12日完成施工图审查，2014年12月24日开始施工，2016年12月计划竣工。项目关键评价指标情况详见表1-1-1。

图 1-1-1 项目效果图

项目关键评价指标情况 表 1-1-1

指标	单位		指标	单位	
建筑面积	万 m²	25.1	非传统水量	m³/a	8021089.3
地下建筑面积	m²	79000	用水总量	m³/a	9733763.27
地下建筑面积与建筑占地面积比	%	68.93	非传统水源利用率	%	82.4
透水地面面积比	%	57.02	建筑材料总重量	t	621922.4
建筑总能耗	MJ/a	8512264.32	可再循环材料重量	t	63274.68
单位面积能耗	kWh/(m²·a)	121.10	可再循环材料利用率	%	10.17
建筑用电量	万 kWh/a	—	可再生能源产生的热水量	m³/a	26334.75
可再生能源发电量	万 kWh/a	0	建筑生活热水量	m³/a	154016.13
节能率	%	60.11	可再生能源产生的热水比例	%	17.1

1.2　项目绿色技术策略

1.2.1　可再生能源利用

为了充分利用三亚市的太阳能资源，项目在裙房屋顶平台处设置了太阳能集热板，对四～十九层客房热水进行预热。太阳能集热板面积 850m²，年产生太阳能热水量 26334.75m³，占整个项目年热水需求量的 17.10%。经过经济性分析，太阳能热水系统在全寿命周期内可节约费用 143.42 万元，动态投资回收周期为 7.58 年，寿命期内可减排二氧化碳 4519.30t。

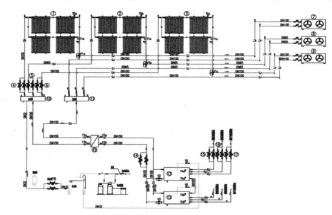

图 1-1-2　太阳能热水系统图

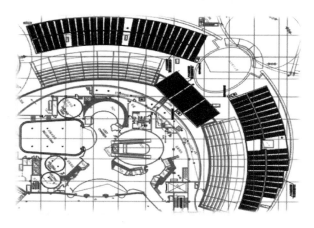

图 1-1-3　集热板布置图

1.2.2　水蓄冷空调系统

工程酒店常规空调冷源采用电动离心式冷水机组＋水蓄冷形式，冷冻机组由 2 台 650RT、3 台 1250RT 常规主机（其中一台 1250RT 为二期预留）以及 1 台 1250RT 水蓄冷主机组成，常规主机供回水温度为 5.5/13.5℃，水蓄冷主机供回水温度为 4/12℃，水蓄冷槽为混凝土水槽，采用温度自然分层形式，蓄冷槽位于冷冻机房旁边，总蓄冷量为

9000RTH。经分析，项目采用水蓄冷系统年可节约运行费 123.73 万元，采用水蓄冷系统初投资增加 488.5 万元，其静态投资回收期为 3.95 年，水蓄冷系统设置较为合理。

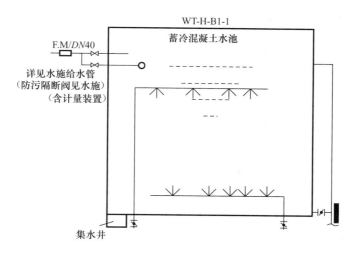

图 1-1-4 水蓄冷池

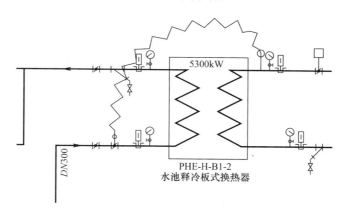

图 1-1-5 释冷设备

1.2.3 排风热回收

项目酒店客房及其走道采用风机盘管＋新风系统，新风系统采用带排风热回收形式，酒店大堂、宴会厅、前厅、餐厅、健身房、失落世界、儿童俱乐部、环形购物街等大空间采用一次回风定风量系统，并在建筑条件允许的情况下设置过渡季节全新风运行模式。热回收机组处理新风量为 215590m³/h，经计算年节约成本为 20.40 万元，静态投资回收期为 8.45 年。

热回收型新/排风空调箱性能表
表 1-1-2

设备编号	服务区域	送风量（m³/h）	新风量（m³/h）	全热换热器	全热效率
FAU-4-1	四层~十五层新风、排风	12840	12840	吸湿性轮转式换热器	60%
FAU-4-2	四层~十五层新风、排风	7600	7600	吸湿性轮转式换热器	60%
FAU-4-3	四层~十五层新风、排风	8800	8800	吸湿性轮转式换热器	60%
FAU-4-4	四层~十五层新风、排风	6600	6600	吸湿性轮转式换热器	60%
FAU-4-5	四层~十五层新风、排风	6600	6600	吸湿性轮转式换热器	60%

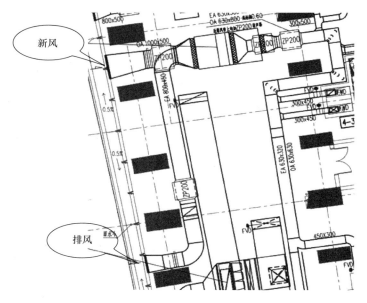

图 1-1-6　排风热回收原理图

1.2.4　废热利用

项目在两个冷冻机房均设置冷却水热回收系统用以做生活热水、卫生系统加热需求的预热，酒店主体冷冻机房内设置两套冷却水热回收系统，其一为酒店生活热水预热回收系统，回收热量约为 420kW，废热回收系统的年节约热量为 1814400MJ，年节电量为 53.62 万 kWh，年节约成本 44.50 万元。

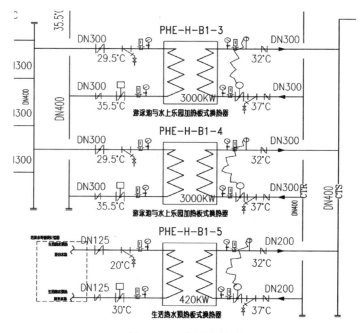

图 1-1-7　冷凝热利用

1.2.5 自然采光

项目在裙房西侧商业街屋面设置 72m² 的采光顶，改善了室内采光效果，尤其是改善了酒店大堂的自然采光效果。经模拟分析，采用采光天窗后整体空间采光系数由 5.31％提高到了 9.49％。另外，在地下一层设置了采光井，地下一层主要功能房间的平均采光系数提高了 2.06％，尤其是改善了冷冻机房、锅炉房、发电机房的采光效果。经计算，冷冻机房、锅炉房及发电机房采光系数分别为 12.48％、8.95％、12.89％，改善效果明显。

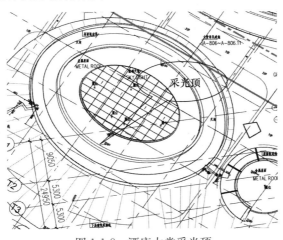

图 1-1-8　酒店大堂采光顶

1.2.6 智能照明控制

项目在地下车库、走道、大堂、电梯厅、宴会厅、餐厅、会议室、健身中心、SPA、行政酒廊等处设置智能照明控制系统，采用开关量控制模块机调光控制模块，根据不同时段和场景控制这些部位的照明，以达到节能目的。

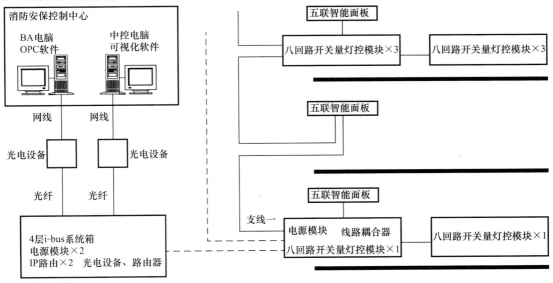

图 1-1-9　智能照明控制系统图

1.2.7　海水系统

工程设有海水系统，海水取自海棠湾，用于酒店海豚湾、鲨鱼池、白鲸馆、迷失的世界水族馆等，海水原水在海面约 5m 以下的深度抽取，然后经过一级泵站把海水从一级泵站的集水池抽到砂滤缸内，经过砂滤后去除总悬浮固体、降低浊度，然后经过蛋白质分离器去除有机物，经臭氧发生器提供臭氧以利于氧化及杀菌，最后进入净化水蓄水池，满足维生水质要求。

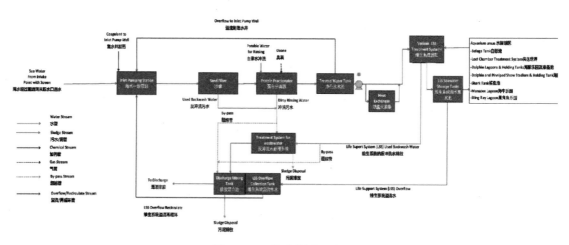

图 1-1-10　海水预处理流程

1.2.8　雨水系统

项目设置有雨水收集系统，收集屋面、道路雨水，经处理后用于绿化灌溉、道路浇洒，出水水质满足《城市污水再生利用城市杂用水质》GB/T 18920—2002 的要求。项目雨水管道外壁涂有"雨水非饮用水"标志，水池箱、阀门、水表及给水栓、取水口均有明显的"雨水"标志，公共场所及绿化雨水管取水口设带锁装置。

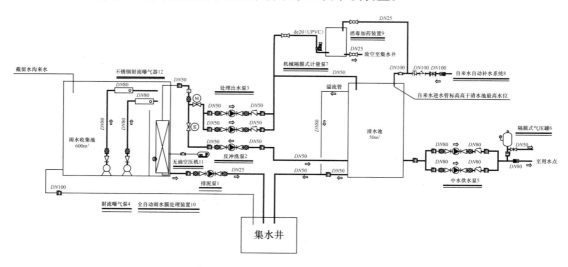

图 1-1-11　雨水处理系统工艺流程图

1.2.9 节水器具

项目卫生洁具选用节能、高效型产品，均符合《节水型产品通用技术条件》GB/T 18870—2011 的要求，大便器选用冲洗量不大于 5L/次双档坐便器，小档排量不大于大档明示排水量的 70％，水嘴选用陶瓷片密封水嘴，公共浴室采用带恒温控制和温度显示功能的冷热水混合淋浴器。

节水器具清单

表 1-1-3

节水器具名称	节水器具主要特点	节水率
水嘴	陶瓷片密封水嘴	≥8％
坐便器	一次冲水量不大于 5L	≥8％
淋浴器	流量不大于 0.12L/s	≥8％
淋浴器	恒温显示功能淋浴器	≥8％

1.2.10 室内温控设计

项目空调室内设计温度、新风量等参数均符合海南省《公共建筑节能设计标准》的要求，并且根据建筑不同的使用功能进行空调分区，在酒店客房及其走道、裙房后勤办公、零售、风味餐厅等部位采用风机盘管加新风系统，方便调节。

室内温湿度设计参数

表 1-1-4

房间类型	夏季空调温度（℃）	夏季相对湿度（％）	冬季采暖温度（℃）	风速（m/s）
客房	24	55	—	≤0.2
大堂	25	55	—	≤0.2
零售	24	55	—	≤0.2
餐厅	24	55	—	≤0.2
管理办公	24	55	—	≤0.2

室内温湿度调节的空调末端

表 1-1-5

主要功能房间类型	采用能独立开启的空调末端		采用能进行温湿度调节的空调末端		采用能进行温湿度独立调节的空调末端	
	是否采用	末端形式	是否采用	末端形式	是否采用	末端形式
客房	是	风机盘管＋新风	是	风机盘管＋新风	否	风机盘管＋新风
后勤办公	是	风机盘管＋新风	是	风机盘管＋新风	否	风机盘管＋新风
零售	是	风机盘管＋新风	是	风机盘管＋新风	否	风机盘管＋新风
宴会厅	否	一次回风定风量系统	否	一次回风定风量系统	否	一次回风定风量系统
餐厅	否	一次回风定风量系统	否	一次回风定风量系统	否	一次回风定风量系统

1.2.11 室内隔声措施

工程噪声源为室外交通噪声和室内设备噪声。项目分为塔楼、裙房、地下室三个部分，其中塔楼部分主要为 1300 间客房、行政酒廊、SPA，裙房部位为餐饮、宴会厅、商场、水族馆、厨房，地下室为后勤办公、厨房、员工餐厅、车库、设备机房、维生机房，布局合理能够减小相邻房间的噪声干扰。工程噪声最不利位置为建筑西侧的大床房，经监测项目周边最不利噪声昼间为 61.0dB（A），夜间为 43.8dB（A）。根据外窗在不同频率下的有效隔声量，并结合室内吸声的考虑，该项目最不利室内背景噪声昼间为 43.61dB（<45dB），昼间 23.49dB（<35dB），满足二级标准的要求。

空调设备均采用高效率、低噪声类型设备，采用隔振基座（减振吊架）软管连接，设有消声措施，冷却塔设置在屋顶，远离环境敏感目标，并采用超低噪声型产品，以减少噪声对环境的影响。项目水泵和其他振动源都经隔振处理，噪声经消声处理，以减少对环境的影响，避难层泵房设置辅助基础。对室外交通噪声进行绿化降噪。

1.2.12 CO_2 监控系统

工程在人员密度密集区（设计人员>0.25 人/m^2），如餐厅、会议室、商业等设置 CO_2 浓度传感器，根据监测浓度变化，控制新风机运行，调节送入房间的新风量，维持室内空气品质。根据室内 CO_2 浓度检测值增大或减小新风量，使 CO_2 浓度始终维持在卫生标准规定的范围内。

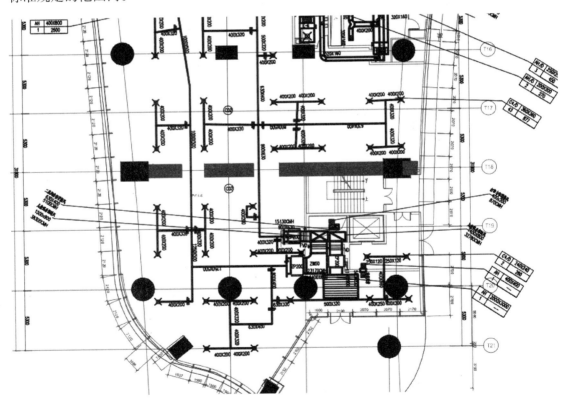

图 1-1-12 CO_2 监控布点示意

1.2.13 绿化与透水地面

合理采用屋顶绿化与垂直绿化。项目绿地率达到40%，其中屋顶绿化面积占屋顶可绿化面积的 14.06%，并在南侧裙房部位设置垂直绿化。景观植物配植以三亚乡土植物为主，乔木有大王椰、海南椰、大丝葵、银海枣、霸王棕、旅人蕉、美丽针葵、橡皮树、秋枫等，灌木有红花鸡蛋花、黄花鸡蛋花、紫薇、粉花夹竹桃、棕竹、茉莉等，绿篱及地被有夏威夷草、蔓花生、金边麦冬、紫鸭芷草等。项目室外透水地面主要由绿地组成，室外透水地面面积 45840.41m²，室外透水地面面积比为 57.02%。

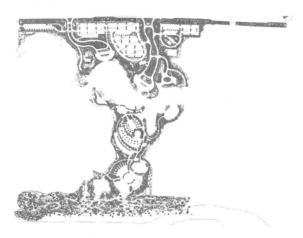

图 1-1-13　透水地面铺装图

1.3　运行效果预测分析

1.3.1　项目能耗预测

项目常规空调冷源采用了水蓄冷系统，冷水机组、数据机房等设置了 VRV 系统，此外空调末端采用了排风热回收技术，酒店总体能耗模拟结果如表 1-1-6 所示。

设计建筑与参照建筑总能耗及单位面积能耗汇总表　　　　　　表 1-1-6

能耗类型	建筑面积	设计建筑		参照建筑	
	（m²）	年总耗电量（kWh）	单位面积年耗电量（kWh/m²）	年总耗电量（kWh）	单位面积年耗电量（kWh/m²）
照明耗能	251040	5300000	21.11	5890000	23.46
电器设备耗能	251040	9670000	38.52	9670000	38.52
风机能耗	251040	6070000	24.18	9690000	38.60
水泵能耗	251040	1050000	4.18	1820000	7.25
空调供冷耗能	251040	8100000	32.27	10450000	41.63
冷却塔能耗	251040	210000	0.84	590000	2.35
总计	—	30400000	121.10	38110000	151.81

根据上表，设计建筑能耗占参照建筑能耗比为 79.77%，设计建筑节能率为 60.11%。

1.3.2 项目用水统计

项目全年总用水量为 9733763.27m³，其中自来水用水量为 1712673.97m³，雨水用水量为 9339.3m³，海水用水量为 8011750m³，非传统水源利用率达到 82.4%。具体数据详见表 1-1-7。

项目总用水量表   表 1-1-7

序号	用水项目	用水定额		用水数量		日用水量（m³/d）	年用水量（m³/a）	备注
1	客房	320	L/床位·d	2600	床位	499.2	182208.00	
2	员工	80	L/人·d	2000	人	160	58400.00	
3	大型餐饮	40	L/人·次	5552	人次	133.25	48635.52	
4	轻餐饮	20	L/人·次	3700	人次	44.4	16206.00	
5	酒吧	10	L/人·次	900	人次	5.4	1971.00	
6	宴会厅	50	L/人·次	2400	人次	72	26280.00	
7	职工餐厅	20	L/人·次	2000	人次	40	14600.00	市政水
8	商场	5	L/m²	1600	m²	8	2920.00	
9	会议厅	8	L/座位·次	400	座次	3.2	1168.00	
10	SPA	70	L/人·次	128	人次	8.96	3270.40	
11	洗衣房					560	204400.0	
12	游泳池补水	10%		7335	m³	733.5	267727.5	
13	冷却塔补水			477.6			71640.00	
14	绿化用水	2	L/m²·次	45840.41	m²		8251.20	雨水
15	道路浇洒用水	0.35	L/m²·次	34552.21	m²		1088.10	
16	维生用水			21950			8011750.00	海水
17	考虑10%未预见水量						884887.57	
18	合计						9733763.27	

项目非传统水源为雨水和海水，非传统水源利用率计算公式：

$$R_u = \frac{W_u}{W_t} \times 100\% = \frac{8021089.3}{9733763.27} \times 100\% = 82.40\%$$

式中：R_u——非传统水源利用率，%；

W_u——非传统水源设计使用量（规划设计阶段）或实际使用量（运行阶段），m³/a；

W_t——设计用水总量（规划设计阶段）或实际用水总量（运行阶段），m³/a；

根据以上公式计算，项目非传统水源利用率为 82.40%。

1.4 项目总结

三亚亚特兰蒂斯酒店是我国首个也是全球继迪拜与巴哈马之后的第三个亚特兰蒂斯综合型旅游酒店项目，同时是全国唯一一家定位于绿色建筑三星级设计和运营标识的七星级酒店项目。项目结合所在地区特点，充分利用太阳能热水、海水资源，并且结合项目特点，积极采用水蓄冷、废热利用、排风热回收、智能照明控制等绿色建筑技术，为用户提供高效、舒适的居住、办公环境，最大限度地节约资源、保护环境、减少污染，打造海南地区酒店类绿色建筑新地标。

项目预测能耗为 121.1kWh/(m² · a)（表 1-1-8），年产生太阳能热水量为 26334.75m³，占整个项目年热水需求量的 17.10%，太阳能热水系统在寿命周期内可节约费用 143.42 万元。项目水蓄冷量为 9000RTH，经分析项目采用水蓄冷系统年可节约运行费 123.73 万元；废热回收系统的年节约热量 1814400MJ，年节电量为 53.62 万 kWh，年节约成本 44.50 万元；热回收机组处理新风量为 215590m³/h，经计算年节约成本为 20.10 万元。每年利用的非传统水源量为 9339.3m³，每年节省水费 2.9 万元。

本项目运行数据预测表　　　　　　　　　　　　　　表 1-1-8

类别		预测数据
节能	综合节能率	60.11%
	单位建筑面积能耗	121.1kWh/(m² · a)
	单位建筑面积主机供冷能耗	32.27kWh/(m² · a)
	风机耗能	24.18kWh/(m² · a)
	水泵耗能	4.18kWh/(m² · a)
	单位建筑面积电器设备能耗	38.52kWh/(m² · a)
	单位建筑面积照明能耗	21.11kWh/(m² · a)
	光伏年发电量	0
节水	非传统水源利用率	82.4%

2. 海南富力海洋欢乐世界鲸鲨馆

【三星级设计标识—公共建筑】

2.1 项目概况

海南富力海洋欢乐世界极地馆和鲸鲨馆项目，整体包括极地馆、鲸鲨馆、海豚表演馆、海南生态动物馆、海龟馆和鳐鱼馆，均位于海南陵水海洋欢乐世界园区内。极地馆是海南陵水海洋欢乐世界海洋动物馆中的子项目，由动物展示、科普教育、极低体验、动物表演、配套服务五部分组成。

鲸鲨馆由室内展示水池和配套的维生设备用房组成。项目占地面积 8858.41m²，总建筑面积 20427.31m²，建筑高度 15.90m，容积率 0.71，绿地率 41.15%。

图 1-2-1 项目效果图

工程总投资 0.76 亿元，2013 年 6 月 20 日完成项目立项，2014 年 5 月 31 日完成施工图审查，计划 2015 年 9 月 1 日开始施工，2017 年 1 月竣工。项目关键评价指标情况详见表 1-2-1。

项目关键评价指标情况 表 1-2-1

指标	单位		指标	单位	
建筑面积	万 m²	2.04	非传统水量	m³/a	457268.71
地下建筑面积	m²	—	用水总量	m³/a	481030.16
地下建筑面积与建筑占地面积比	%	—	非传统水源利用率	%	95.06
透水地面面积比	%	59.3	建筑材料总重量	t	17335.32

指标	单位		指标	单位	
建筑总能耗	MJ/a	4169435.63	可再循环材料重量	t	1831.81
单位面积能耗	kWh/(m²·a)	66.90	可再循环材料利用率	%	10.57
建筑用电量	万 kWh/a	—	可再生能源产生的热水量	m³/a	1089.77
可再生能源发电量	万 kWh/a	0	建筑生活热水量	m³/a	4088.0
节能率	%	62.41	可再生能源产生的热水比例	%	26.66

2.2　项目绿色技术策略

2.2.1　可再生能源利用

为了充分利用项目所在地太阳能资源，项目在屋顶平台处设置了 38m² 太阳能集热板，产生热水供员工淋浴使用，太阳能集热板年产生热水量为 1089.77m³，占建筑生活热水总量的 26.66%。项目太阳能初投资为 95000 元，年节约成本 45766.77 元，经计算其静态投资回收期为 2.08 年。

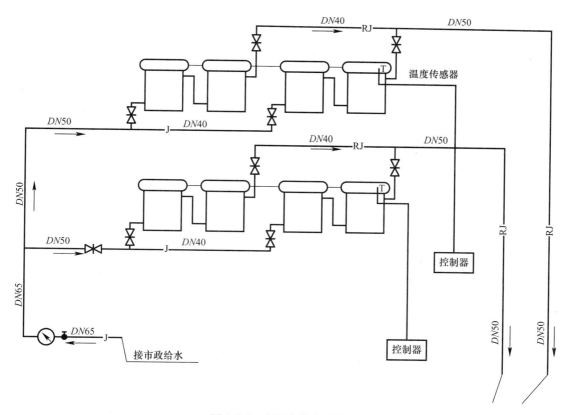

图 1-2-2　太阳能热水系统图

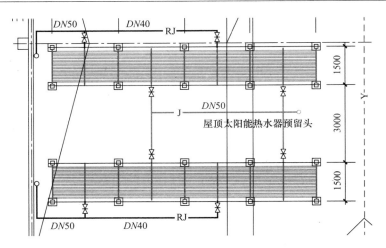

图 1-2-3　集热板布置图

2.2.2　钢结构

　　由于钢结构相对于钢筋混凝土自重轻，强度高，抗震性能好，并且在大跨度屋面部分，钢结构可以有效降低结构构件尺寸，减少结构构件自重，在建筑使用净高一定的前提下，可有效降低建筑层高，相当于减少对应层的柱及填充墙高度，节省建筑材料用量。同时钢材又为可回收利用材料，更符合环保和可持续发展理念。综合业主对于建筑结构造价的考虑，并结合项目存在大跨度空间的特点，确定主体采用框架剪力墙结构，仅屋面及入口处采用钢结构，即有选择性地应用钢结构技术。

2.2.3　排风热回收

　　工程游览通道、零售及餐厅均采用全空气空调系统，全空气系统空调机组采用带热回收的双风机组合式空调机组，其排风热回收效率为 60%。经计算，项目采用排风热回收机组后全年节省运行费用 44260.56 元，项目初投资为 21.44 万元，经计算静态投资回收期为 4.84 年。

热回收型新/排风空调箱性能表　　　　　　　　　　　　表 1-2-2

设备类型	设备技术参数						
	新风量 （m³/h）	排风量 （m³/h）	热回收 效率（%）	送风机功率 （kW）	回风机功率 （kW）	能量回收 功率（kW）	数量（台）
HJK-100E1Y （25S）	3000	2400	60	5.5	4.4	0.09	1
HJK-070E1Y （25S）	2000	1600	60	4	2.2	0.09	1
HJK-070E1Y （25S）	2300	1840	60	4	3	0.09	1
HJK-220E1Y （25S）	6600	5280	60	15	7.5	0.09	1
HJK-200E1Y （25S）	6000	4800	60	15	7.5	0.09	1
HJK-160E1Y （25S）	6900	5520	60	11	4.5	0.09	1

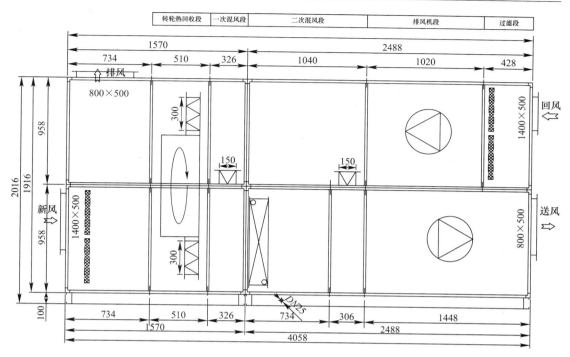

图 1-2-4　排风热回收原理图

2.2.4　能源站

工程冷源来自集中能源站提供的 4.5/11℃和 15/20℃冷水，分别通过各自的室外供冷管网传输到建筑内，4.5/11℃的一次冷水经换热器转换为 6/12℃的二次冷水，为工程的常规系统供冷。15/20℃的一次冷水直供给动物维生系统供冷。冷热源性能系数最小为 5.41，均能满足相关标准的要求，经计算项目冷热水输送能效比为 0.0220。

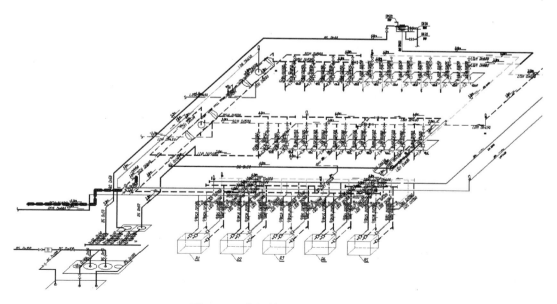

图 1-2-5　能源站空调机房系统图

2.2.5 自然采光

项目属于海洋馆建筑，不属于办公、宾馆类建筑，并且无地下空间，其主要功能为展示海洋生物，起到教育作用。深海生物不适宜光照。此外，为了使观众置身于海洋生活的环境，海洋馆需要利用淡蓝色荧光灯光来衬托海洋环境、渲染气氛，给观众以丰富的艺术感染力，自然采光达不到该种效果。由于项目的特殊性，在展览区不适宜自然采光，仅在项目入口大厅上方采用杜肯膜，有利于自然采光。

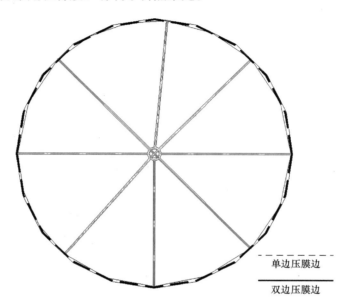

图 1-2-6 压膜边平面示意图

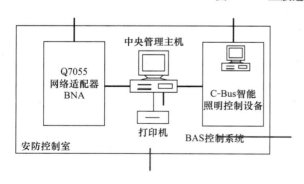

图 1-2-7 智能照明控制系统图

2.2.6 智能照明控制

项目照明分为展示照明、一般照明、应急照明。展示照明仅预留电源，于游览区及展池附近分散式设置照明配电箱，采用智能照明控制系统，以方便管理。使用具有光控、时控、人体感应等功能的智能照明控制装置。有外窗时，照明灯具的布置对应使用功能，按临窗区域及其他区域合理分组，并采取分组控制，对建筑的走廊（道）、楼梯间等照明，采用带感光探头的手动或感应控制延时照明开关进行控制，在满足使用功能的前提下，实现最大程度的节电。

2.2.7 海水系统

工程设有海水系统，海水用于维生系统补水，用于鲨鱼展池、珊瑚展池、亚马逊展池补水，其中鲨鱼展池体积为 15950m³，珊瑚展池体积为 1450m³，亚马逊展池为 358m³。总展池体积为17758m³。补水量按照展池体积的7%计算,海水年使用量为453716.93m³。

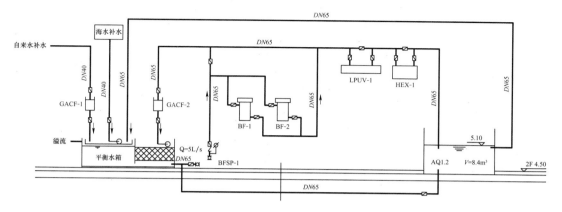

图1-2-8 维生系统原理图

2.2.8 雨水系统

项目屋面雨水采用内外结合的排水方式,内排雨水分为虹吸排水和重力排水两种方式,外排雨水管下设雨水口,与内排雨水共同汇入雨水收集系统,屋面汇水面积8900m²,雨水年利用量为3551.8m³。雨水管道外壁涂有"雨水非饮用水"标志,水池箱、阀门、水表及给水栓、取水口均有明显的"雨水"标志,公共场所及绿化雨水管取水口设带锁装置。

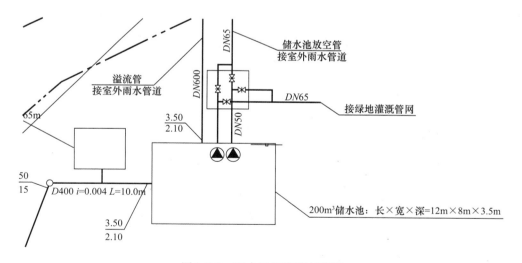

图1-2-9 雨水回用管道布置图

2.2.9 节水器具

项目卫生洁具均采用节水型陶瓷制品,节水率不小于8%,给水及排水五金配件符合《节水型生活用水器具》CJ 164—2002的规定。小便器采用感应式冲洗阀型,大便器采用冲洗水箱式,水箱容积不大于6L。

节水器具清单		表 1-2-3
节水器具名称	节水器具主要特点	节水率
小便器	感应式冲洗阀型	≥8%
大便器	一次冲水量不大于 6L	≥8%

2.2.10 室内温控设计

项目游览通道、餐厅为高大空间，均采用全空气系统，送风方式采用散流器风口上送风，单层百叶上回风的形式，即采用上送上回的送风方式，送风口和回风口位置设置合理，避免气流短路现象，气流组织设计合理。办公室和教室均采用风机盘管加新风的空调末端形式，方便温湿度控制。

室内温湿度设计参数			表 1-2-4
房间类型	夏季空调温度（℃）	夏季相对湿度（%）	风速（m/s）
游览通道	25	60	0.25
餐厅	25	60	0.25
办公室	25	60	0.25
教室	25	60	0.25
零售	25	60	0.25
淋浴区	27	70	

室内温湿度调节的空调末端					表 1-2-5
主要功能房间类型	采用能独立开启的空调末端		采用能进行温湿度调节的空调末端		采用能进行温湿度独立调节的空调末端
	是否采用	末端形式	是否采用	末端形式	是否采用	末端形式
办公室	是	风机盘管＋新风	是	风机盘管＋新风	否	风机盘管＋新风
教室	是	风机盘管＋新风	是	风机盘管＋新风	否	风机盘管＋新风
游览通道	否	全空气系统	否	全空气系统	否	全空气系统
零售	否	全空气系统	否	全空气系统	否	全空气系统
餐厅	否	全空气系统	否	全空气系统	否	全空气系统

2.2.11 室内隔声措施

项目属于展览馆类建筑，无地下空间，主要噪声源为设备噪声。项目主要功能房间包括鲨鱼展览池、珊瑚展览池、蝾螈展览池等各种展览池，同时还有一些场馆人员办公室、餐厅及设备用房。由于项目未设置地下空间，维生设备均位于地上，为了减少维生设备噪声的影响，项目将设备用房集中设置在项目靠外墙位置，从而远离游览通道以及办公区域，以减少设备噪声对于办公以及游客的影响。另外，项目设备基础均设有隔声减震措施，建筑功能布局合理。

2.2.12 CO₂ 监控系统

工程游览通道、零售及餐厅等人员密集处设有 CO_2 监控系统，并与新风系统联动，实现 CO_2 超标报警，调节室内新风，以保证健康舒适的室内环境。CO_2 监测点设置在组合式空调机组的回风口附近位置。

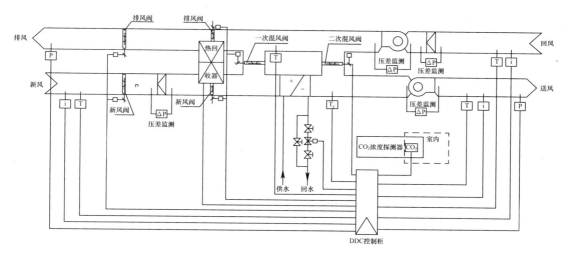

图 1-2-10 CO_2 监控示意

2.2.13 绿化与透水地面

项目用地面积28940m²,室外地面面积20081.59m²,绿地面积11908.81m²,项目绿地率为41.15%。项目合理采用垂直绿化,在西侧外墙处种植爬山虎,形成垂直绿化墙,为建筑增添生机。另外在西侧设置垂直绿化减少西侧外墙的西晒,从而降低空调负荷。景观植物配植以陵水乡土植物为主,乔木有董棕、老人葵、银海枣、唐棕、雨树、海南椰子等,灌木有美丽针葵、沼泽棕、酒瓶椰子、丛生鸡冠刺桐、银合欢、红车等,地被有大红花、狗牙花、天堂鸟、星花、草等。透水地面主要由绿地组成,透水地面面积11908.81m²,室外透水地面面积比例为59.30%。

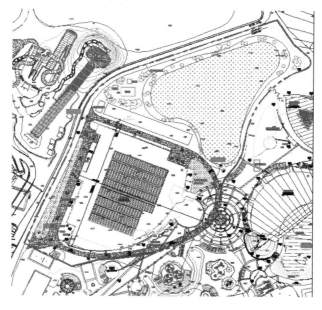

图 1-2-11 局部透水地面铺装图

2.3　运行效果预测分析

2.3.1　项目能耗预测

海南富力海洋欢乐世界鲸鲨馆空调系统冷源来自陵水富力海洋公园欢乐世界建筑空调区域能源站 A，能源站的舒适空调冷热源采用 1 台 COP 为 5.41 的螺杆式热泵机组和 2 台 COP 为 5.76 的离心热泵机组，平均 COP 为 5.64，机组的冷水供回水温度为 5℃和 11℃。建筑各项能耗统计如表 1-2-6 所示。

设计建筑与参照建筑总能耗及单位面积能耗汇总表　　　表 1-2-6

能耗类型	建筑面积（m²）	设计建筑		参照建筑	
		年总耗电量（kWh）	单位面积年耗电量（kWh/m²）	年总耗电量（kWh）	单位面积年耗电量（kWh/m²）
照明耗能	20427.31	480400	23.52	571400	27.97
电器设备耗能	20427.31	420100	20.57	420100	20.57
风机能耗	20427.31	161500	7.91	280100	13.71
水泵能耗	20427.31	59800	2.93	203200	9.95
供冷耗能	20427.31	244857.61	11.99	343391.84	16.81
总计	—	1366657.61	66.90	1818191.84	89.01

计算设计建筑能耗占参照建筑能耗比例为 75.16%。设计建筑节能率为 62.41%。

2.3.2　项目用水预测

项目全年总用水量 529133.17m³，其中自来水用水量 71864.46m³，雨水用水量 3551.81m³，海水用水量 453716.9m³，非传统水源利用率达到 95.06%。具体数据详见表 1-2-7。

项目总用水量表　　　表 1-2-7

序号	用水项目	数量	用水定额	用水天数（d/a）	用水量		备注
					平均日用水量（m³/d）	年用水量（m³/a）	
1	展厅工作人员用水	80 人	40L/人·d	365 天	1.2	438	自来水
2	展厅用水	7500m²	4L/m²·d	365 天	30	10950	自来水
3	餐厅用水	400	50L/人·次	365 天	20	7300	自来水
4	淋浴用水	80 人	40L/人·次	365 天	3.2	4088	自来水
5	绿化补水	11908.81m²	—			985.45	自来水
6	绿化灌溉	11908.81m²	3L/m²·次	127 次/a	—	3551.81	雨水
7	展池补水	17758m³		365	1243.06	453716.9	海水
8	合计					481030.16	
9	合计（雨水+海水）					457268.71	
10	非传统水源利用率					95.06%	
11	考虑 10% 未预见用水时的总用水量					529133.17	

项目非传统水源为雨水和海水，非传统水源利用率计算公式：

$$R_u = \frac{W_u}{W_t} \times 100\% = \frac{457268.71}{481030.16} \times 100\% = 95.06\%$$

式中：R_u——非传统水源利用率，%；

$\quad\quad W_u$——非传统水源设计使用量（规划设计阶段）或实际使用量（运行阶段），m^3/a；

$\quad\quad W_t$——设计用水总量（规划设计阶段）或实际用水总量（运行阶段），m^3/a；

通过以上公式计算项目非传统水源利用率为95.06%。

2.4 项目总结

项目通过各项节能、绿色技术的实施，可实现62.64%的综合节能率，非传统水源利用率为95.06%，各分项单位面积能耗如表1-2-8所示，预测建筑能耗强度为89.01kWh/($m^2 \cdot a$)。

经经济性分析，项目总投资0.76亿元，其中为实现绿色建筑而增加的初投资成本165.27万元，单位面积增量成本80.91元/m^2。同时，各项绿色技术投资在建筑运行过程中带来了显著的资源节约潜力，其中太阳能热水系统在寿命周期内可节约费用4.57万元；工程游览通道、零售及餐厅均采用全空气空调系统，全空气系统空调机组采用带热回收的双风机组合式空调机组，经计算年节约成本为4.426万元；每年利用的非传统水源雨水量为3551.8m^3，每年节省水费1.1万元。

本项目运行数据预测表　　　　　　　　　　　　　表1-2-8

类别		预测数据
节能	综合节能率	62.41%
	单位建筑面积能耗	66.9kWh/($m^2 \cdot a$)
	单位建筑面积供冷能耗	11.99kWh/($m^2 \cdot a$)
	风机能耗	7.91kWh/($m^2 \cdot a$)
	水泵能耗	2.93kWh/($m^2 \cdot a$)
	单位建筑面积电器设备能耗	20.57kWh/($m^2 \cdot a$)
	单位建筑面积照明能耗	23.52kWh/($m^2 \cdot a$)
	光伏年发电量	0
节水	非传统水源利用率	95.06%

项目成本数据统计表　　　　　　　　　　　　　表1-2-9

项目建筑面积（万m^2）：2.04
工程总投资（亿元）：0.76
为实现绿色建筑而增加的初投资成本（万元）：165.27
单位面积增量成本（元/m^2）：80.91

3. 三亚财经国际论坛中心项目论坛部分

【二星级设计标识—公共建筑】

3.1 项目概况

项目位于三亚市海棠湾东部，地势为西北向东南倾斜，北高南低。项目会展业用地面积33333.89m²，总建筑面积28752.90m²，计容建筑面积17000m²，容积率0.51；酒店用地面积131361.49m²，总建筑面积174082.05m²，计容建筑面积114330.38m²，容积率0.868。项目满足使用功能、城市地标及景观资源共享要求，会展中心与酒店及产权酒店塔楼在形态上具有突出的区域标志性。

图 1-3-1 项目效果图

工程总投资1.7亿元，2013年5月7日完成项目立项，2014年5月12日完成施工图审查，2014年7月4日开始施工，2017年12月计划竣工。项目关键评价指标情况详见表1-3-1。

项目关键评价指标情况　　　　　　　　　　　　　　　　表 1-3-1

指标	单位		指标	单位	
建筑面积	万 m²	2.875	非传统水量	m³/a	8021089.3
地下建筑面积	m²	16727.8	用水总量	m³/a	345822.84
地下建筑面积与建筑占地面积比	%	179.87	非传统水源利用率	%	1.73
透水地面面积比	%	48.54	建筑材料总重量	t	60405.43

续表

指标	单位		指标	单位	
建筑总能耗	MJ/a	8332920	可再循环材料重量	t	13654.67
单位面积能耗	kWh/(m² · a)	64.56	可再循环材料利用率	%	22.61
建筑用电量	万 kWh/a	—	可再生能源产生的热水量	m³/a	0
可再生能源发电量	万 kWh/a	0	建筑生活热水量	m³/a	—
节能率	%	50.6	可再生能源产生的热水比例	%	0

3.2 项目绿色技术策略

3.2.1 垂直绿化及屋顶绿化

项目屋顶绿化面积296.28m²，屋顶绿化面积占屋顶可绿化面积的32.45%。会展南入口玻璃桥下露天景观广场采用鹅掌柴、彩叶草、瘤蕨交替种植进行垂直绿化。

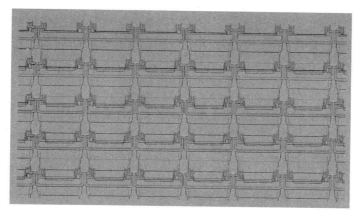

图 1-3-2 垂直绿化布置详图

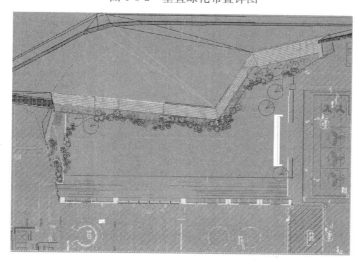

图 1-3-3 三层绿化总平面图

3.2.2　自然采光

项目南侧入口地下室原无自然采光，地下一层空间面积约 13123.85m²。增设下沉式采光井后，采光系数提升了 0.52%，等值线间距为 1.10%，改善了 918.67m² 的地下空间室内自然采光效果，可以较好地改善室内采光，节省照明能耗。

图 1-3-4　地下一层采光效果图

3.2.3　智能照明控制

项目设计采用 i-BUS 智能化照明控制系统，对走廊、序厅、车库等其他不同使用功能的照明营造有层次变化的灯光环境，增强控制的灵活性和可靠性。办公室、机房等照明采用就地控制。大堂、大型会议室、地下车库设置智能照明控制系统。楼梯间采用声光延时自动控制。室外照明采用编程时序控制和人工控制结合。

3.2.4　雨水系统

项目屋面雨水经弃流初期雨水后，收集到雨水蓄水池，经机械过滤等处理达到中水水质标准。中后期雨水较好，流量流速较高时，水流落到右边收集雨水，并进入沉淀过滤装置。由市政管网接入一条市政中水管线，用于补充雨水不能满足的绿化灌溉、道路冲洗和景观补水。

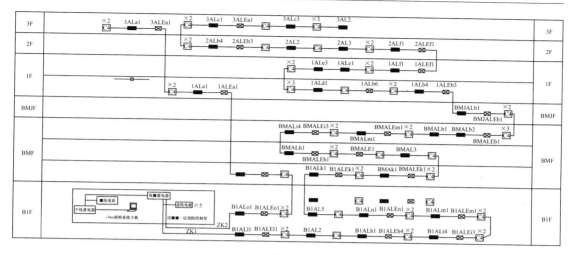

图 1-3-5　智能照明控制系统图

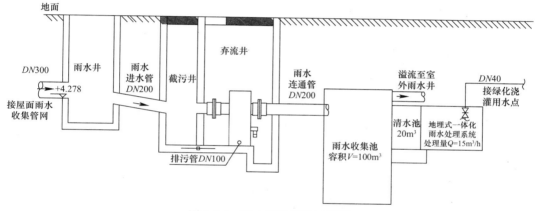

图 1-3-6　雨水回用系统流程图

3.2.5　节水器具

工程所配置生活用水器具采用节水型卫生器具，其产品的技术性能符合《节水型生活用水器具》CJ 164—2002 的要求，选用一次冲洗水量不大于 6L 的坐便器，最大流量不大于 0.15L/s 的节水型水嘴，最大流量不大于 0.15L/s 的淋浴器，节约用水。

节水器具清单		表 1-3-2
节水器具名称	节水器具主要特点	节水率
坐式大便器	3L/6L 两档节水器	≥8%
蹲式大便器	感应式冲洗阀	≥8%
小便器	感应式冲洗阀	≥8%
洗手盆	感应式水嘴	≥8%

3.2.6　室内温控设计

项目空调室内设计温度、新风量等参数均符合《公共建筑节能设计标准》的要求，并

　　且根据建筑不同的使用功能进行空调分区，在酒店客房及其走道、裙房、后勤办公、零售、风味餐厅等部位采用风机盘管加新风系统，方便调节。

室内温湿度设计参数　表 1-3-3

房间类型	夏季空调温度（℃）	夏季相对湿度（%）	冬季采暖温度（℃）	风速（m/s）
序厅	5	55	—	0.28
展览厅	25	60	—	0.28
宴会厅	25	60	—	0.28
会议室	25	55	—	0.28
贵宾厅	25	55	—	0.28

室内温湿度调节的空调末端　表 1-3-4

主要功能房间类型	采用能独立开启的空调末端		采用能进行温湿度调节的空调末端		采用能进行温湿度独立调节的空调末端	
	是否采用	末端形式	是否采用	末端形式	是否采用	末端形式
董事会议接待	√	四面出风型室内机	√	四面出风型室内机	×	四面出风型室内机
小会议室	√	风机盘管机组（单盘管型）	√	风机盘管机组（单盘管型）	×	风机盘管机组（单盘管型）
序厅	×	卧式空气处理机组	×	卧式空气处理机组	×	卧式空气处理机组

3.2.7　CO_2 监控系统

　　序厅、展厅及宴会厅等人员密集中场所，在空气处理机组的回风段设置了 CO_2 浓度监测装置，新风阀开度根据室内 CO_2 浓度传感器的测量值控制，从而改善室内空气质量。

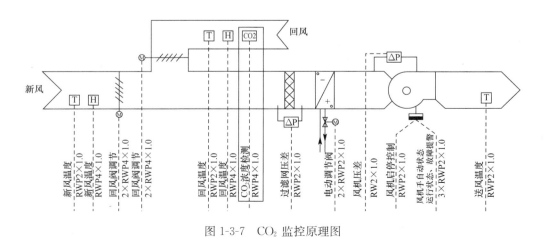

图 1-3-7　CO_2 监控原理图

3.3 运行效果预测分析

3.3.1 项目能耗预测

项目总体能耗模拟结果如表 1-3-5 所示。

设计建筑与参照建筑总能耗及单位面积能耗汇总表　　　　　　　　表 1-3-5

	设计建筑	参照建筑
耗冷耗热量（kWh/m²）	149.57	151.08
耗冷量（kWh/m²）	149.50	150.98
耗热量（kWh/m²）	0.07	0.10
标准依据	《公共建筑节能设计标准》	
标准要求	设计建筑的能耗不大于参照建筑的能耗	
结论	满足	

据此计算出设计建筑能耗占参照建筑能耗为 99%，设计建筑节能率为 50.6%。

3.3.2 项目用水统计

项目全年总用水量为 345822.84m³，其中自来水用水量 339853.47m³，雨水用水量 3302.38m³，中水用水量 2666.99m³，非传统水源利用率达到 1.73%。具体数据详见表 1-3-6。

项目总用水量表　　　　　　　　表 1-3-6

序号	用水项目	用水标准	单位	使用数量	单位	天数（次数）	年用水量（m³）
1	展览厅及仓储	4	L/(m²·d)	3220	m²	365	4701.2
2	餐厅	50	L/人·d	15923	人	365	290594.75
3	办公人员	50	L/人·d	804	人	280	11256
4	会议厅	8	L/人·d	1074	人	280	2405.76
5	道路浇洒	0.7	L/m²·次	12367.03	m²	24	207.77
6	绿化灌溉	3	L/m²·d	11666.86	m²	127	4445
7	车库冲洗	2.5	L/m²·d	7098	m²	12	255.53
8	水景补水	循环水量的3%	6L/s	5	台	100	518.4
9	未预见水量	总用水量的10%					31438.4
	总计						345822.84

项目非传统水源为雨水和海水，非传统水源利用率计算公式：

$$R_u = \frac{W_u}{W_t} \times 100\% = 5969.37/345822.84 = 1.73\%$$

式中：R_u——非传统水源利用率，%；

W_u——非传统水源设计使用量（规划设计阶段）或实际使用量（运行阶段），m³/a；

W_t——设计用水总量（规划设计阶段）或实际用水总量（运行阶段），m³/a；

按照以上公式计算，项目非传统水源利用率为 82.40％。

3.4　项目总结

三亚财经国际论坛中心项目用地位于三亚市东北部的"国家海岸"——海棠湾，海棠湾距三亚市区 28km，距凤凰国际机场 40km，可通过绕城高速直达机场，交通便利。区内主要道路往南连接三亚机场和渡轮码头，往北达海口。

"三亚财经国际论坛中心"项目为三亚财经论坛的永久性会址，作为海棠湾重大项目引进，选址于海棠湾凯宾斯基酒店和海棠湾广场之间，用地面积约 250 亩。财经论坛为非官方开放的综合的定址的民间会议组织。该论坛是在突出金融为主的前提下，切入经济的多个领域，为企业、专家学者和政府提供一个国内外知名的对话和交流平台，论坛举办形式以会议为主，兼之以轻型会展和精品的文化活动。

项目将节地、节能、节材、节水等技术综合融入设计中，项目综合节能率为 50.6％，非传统水源利用率 1.73％，各项能源消耗指标详见表 1-3-7。项目总投资 1.7 亿元，为实现绿色建筑而增加的初投资成本 20.55 万元，单位面积增量成本 7 元/m²（表 1-3-8），技术经济效益显著。

项目运行数据预测表　　　　　表 1-3-7

类别		预测数据
节能	综合节能率	50.6％
	单位建筑面积耗冷耗热量	149.57kWh/(m²·a)
	单位建筑面积耗冷量	149.50kWh/(m²·a)
	单位建筑面积耗热量	0.07kWh/(m²·a)
节水	非传统水源利用率	1.73％

项目成本数据统计表　　　　　表 1-3-8

项目建筑面积（万 m²）：2.875

工程总投资（亿元）：1.7

为实现绿色建筑而增加的初投资成本（万元）：20.55

单位面积增量成本（元/m²）：7

项目预测能耗为 149.57kWh/(m²·a)，每年利用的非传统水源量为 9339.3m³，每年节省水费 1.85 万元。

4. 三亚财经国际论坛中心项目超高层部分

【二星级设计标识—公共建筑】

4.1 项目概况

项目位于三亚市海棠湾东部，地势为西北向东南倾斜，北高南低。项目属住宿餐饮用地，总用地 67341.01m²，总建筑面积 133448.39m²。结构为现浇钢筋混凝土框架—核心筒体系。

工程总投资 7.4669 亿元，2013 年 8 月 1 日完成项目立项，2015 年 7 月 1 日完成施工图审查，2015 年 10 月 4 日开始施工，2017 年 12 月计划竣工。项目关键评价指标情况详见表 1-4-1。

图 1-4-1　项目效果图

项目关键评价指标情况　　　　　　　　　　表 1-4-1

指标	单位		指标	单位	
建筑面积	万 m²	13.345	非传统水量	m³/a	9065.44
地下建筑面积	m²	29630.7	用水总量	m³/a	563070.8
地下建筑面积与建筑占地面积比	%	198.5	非传统水源利用率	%	1.61
透水地面面积比	%	48.54	建筑材料总重量	t	178687.33
建筑总能耗	MJ/a	—	可再循环材料重量	t	27635.86
单位面积能耗	kWh/(m²·a)	139.86	可再循环材料利用率	%	15.47
建筑用电量	万 kWh/a	—	可再生能源产生的热水量	m³/a	0
可再生能源发电量	万 kWh/a	0	建筑生活热水量	m³/a	—
节能率	%	51.48	可再生能源产生的热水比例	%	0

4.2 项目绿色技术策略

4.2.1 自然采光

项目于西南侧地下室设置光导管，改善地下自然采光，根据模拟计算结果，平均采光

系数提高了 0.19%，等值线间距为 1.0%，改善了 $499.24m^2$ 地下车库的室内自然采光效果，节省了照明能耗。

图 1-4-2 为三亚财经国际论坛中心十五层主要功能空间的采光效果图，等值线间距为 1.0%，平均采光系数为 5.44%。由图可知：十五层靠近外围护结构有窗户的空间采光效果较好。十五层主要功能空间评价区域面积约 $803.66m^2$，其中约有 $803.66m^2$ 的采光系数达到了《建筑采光设计标准》GB 50033—2013 中相关空间的采光系数要求，占十五层评价区域面积的 100%。

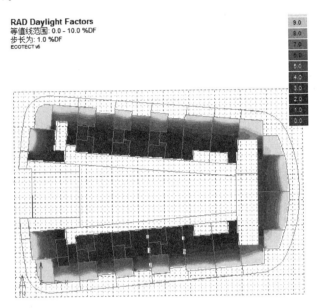

图 1-4-2 十五层主要功能空间采光效果图

4.2.2 智能照明控制

项目采用智能化照明控制系统对走廊、车库、餐厅等公共区域的泛光照明、室外照明、其他不同使用功能的照明进行分区分类自动控制，增强控制的灵活性和可靠性。办公室、机房等照明采用就地控制。大堂、大型会议室、地下车库设置智能照明控制系统。楼梯间采用声光延时自动控制。室外照明采用编程时序控制和人工控制结合。

4.2.3 雨水系统

项目设置有雨水收集系统，裙楼屋面雨水经收集用于绿化灌溉、道路冲洗，并由市政管网接入一条市政中水管线，用于补充雨水不能满足的绿化灌溉、道路冲洗、车库冲洗和景观补水。

4.2.4 节水器具

工程所配置生活用水器具采用节水型卫生器具，其产品的技术性能符合《节水型生活用水器具》CJ 164—2002 的要求，选用一次冲洗水量不大于 6L 的坐便器，最大流量不大于 $0.15L/s$ 的节水型水嘴，最大流量不大于 $0.15L/s$ 的淋浴器，以节约用水。

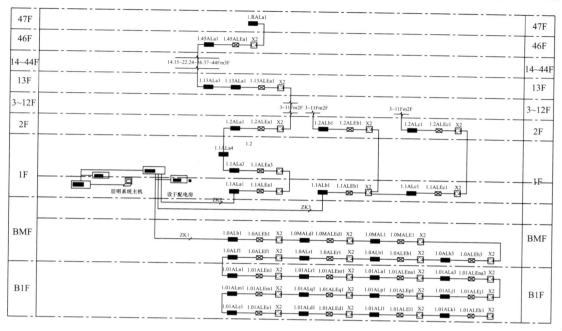

图 1-4-3　智能照明系统图

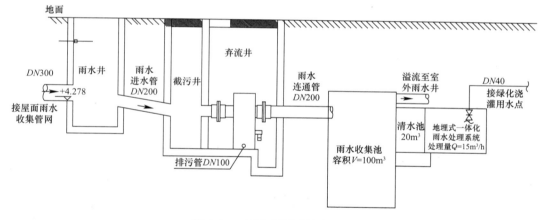

图 1-4-4　雨水回用系统流程图

节水器具清单　　　　　　　　　　　　　　　　　　　　　　　表 1-4-2

节水器具名称	节水器具主要特点	节水率
坐式大便器	一次冲水量不大于 6L	≥8%
小便斗	感应式冲洗阀	≥8%
洗手盆	感应冲洗龙头	≥8%
热水淋浴	带温控装置冲洗阀	≥8%

4.2.5　室内温控设计

项目全日餐厅、休息厅等大空间采用集中处理低速送风系统，均采用上送上回的气流组织形式，并且采用了能进行温湿度调节的空调末端。

室内温湿度设计参数				表 1-4-3
房间类型	夏季空调温度（℃）	夏季相对湿度（%）	冬季采暖温度（℃）	风速（m/s）
序厅	25	55	—	0.28
展览厅	25	60	—	0.28
宴会厅	25	60	—	0.28
贵宾厅	25	60	—	0.28
会议室	25	55	—	0.28

室内温湿度调节的空调末端						表 1-4-4
主要功能房间类型	采用能独立开启的空调末端		采用能进行温湿度调节的空调末端		采用能进行温湿度独立调节的空调末端	
	是否采用	末端形式	是否采用	末端形式	是否采用	末端形式
客房	√	四面出风型室内机	√	四面出风型室内机	×	四面出风型室内机
低区酒店式公寓	√	分体空调	√	分体空调	×	风机盘管机组（单盘管型）
序厅	×	卧式空气处理机组	×	卧式空气处理机组	×	卧式空气处理机组

4.2.6 CO_2 监控系统

全日餐厅、休息厅等人员密集中场所在空气处理机组的回风段设置了 CO_2 浓度监测装置，并与新风系统联动。新风阀开度根据室内 CO_2 浓度传感器的测量值控制，实现变新风量运行。

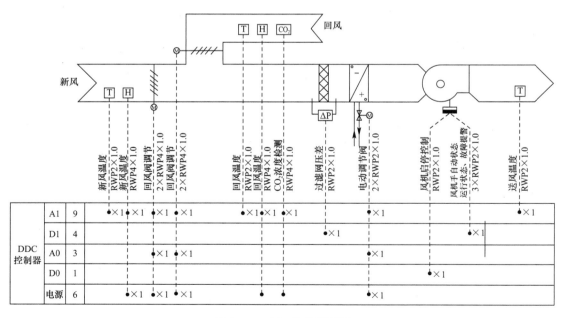

图 1-4-5 CO_2 监控原理图

4.2.7 绿化与透水地面

室外地面采用乔灌木和草皮结合的复层本土绿化，裙房平台局部布置景观绿化。项目的景观植物以当地乡土植物为主，采用乔木、灌木、草皮相结合的种植方式。棕榈科：银海枣、海南椰子A、海南椰子B、海南椰子C、蒲葵A、蒲葵B；乔木：多杆香樟、香樟A、人面子、美丽异木棉、美丽异木棉A、小叶榄仁、阴香、杧果、宫粉洋紫荆、红花洋紫荆、鸡冠刺桐、黄花风铃木、水石榕A、黄槿、黄槐、小叶紫薇、鸡蛋花；灌木：红车、灰莉、红花继木、七彩大红花；地被植物：台湾草。

项目可建设用地面积67341.01m²，绿地率为45%，项目透水地面仅由绿地组成，总的透水地面面积30303.45m²。项目建筑占地面积14926.96m²，室外地面面积为52414.05m²，因此项目室外透水地面面积比为57.82%。

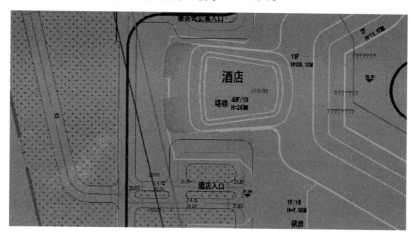

图1-4-6　项目绿地图

4.3　运行效果预测分析

4.3.1　项目能耗预测

项目酒店总体能耗模拟结果如表1-4-5所示。

设计建筑与参照建筑总能耗及单位面积能耗汇总表		表1-4-5
	设计建筑	参照建筑
耗冷耗热量（kWh/m²）	139.86	144.12
耗冷量（kWh/m²）	139.62	144.04
耗热量（kWh/m²）	0.24	0.08
标准依据	《公共建筑节能设计标准》	
标准要求	设计建筑的能耗不大于参照建筑的能耗	
结论	满足	

据此计算出设计建筑能耗占参照建筑能耗比例为97%。设计建筑节能率为51.48%。

4.3.2　项目用水统计

项目全年总用水量为563319.72m³，其中自来水用水量为555160.82m³，雨水用水量为254.77m³，中水用水量为7904.13m³，非传统水源利用率达到1.61%。具体数据详见表1-4-6。

项目总用水量表　　　　　　　　　表 1-4-6

序号	水源	用水项目	用水标准	单位	使用数量	单位	使用时间	日用水量 (m³)	年用水量 (m³)
1		酒店客房	400	L/人·d	464	人	24	185.60	52110.77
2		公寓	300	L/人·d	1648	人	24	494.40	138812.3
3		厨房	60	L/人·d	3155	人	12	189.30	53149.62
4		洗衣房	60	L/kg	1800	人	8	108	30323.08
5	新水	水疗	200	L/人·次	346	人	12	69.2	19429.23
6		泳池补水	15%	泳池水容积	1158	m³	10	173.7	48769.62
7		空调补水	35	m³/h	24	h	24	840	155076.92
8		车库冲洗	2	L/m²·d	16900	m²	8	33.80	1014
9		未预计用水量	用水量的10%					232.67	55409.50
10		小计	——					2326.67	554095.04
11		道路浇洒	0.7	L/m²次	22110.60	m²	4	15.48	371.46
12	非传统水源	绿化灌溉	2	L/m²·d	30303.45	m²	4	60.61	7697.47
13		水景补水	循环水量的3%	2.7L/s	175.19	m²	8	2.33	233.28
14		未预见水量	总用水量的10%					8.71	922.47
15		小计						87.13	9224.68
16		总计						2413.8	563319.72

非传统水源利用率可通过下列公式计算：

$$R_{\mathrm{u}} = \frac{W_{\mathrm{u}}}{W_{\mathrm{t}}} \times 100\%$$

$$W_{\mathrm{u}} = W_{\mathrm{R}} + W_{\mathrm{r}} + W_{\mathrm{s}} + W_{\mathrm{o}}$$

式中：R_{u}——非传统水源利用率，%；

W_{u}——非传统水源设计使用量（规划设计阶段）或实际使用量（运行阶段），m³/a；

W_{t}——设计用水总量（规划设计阶段）或实际用水总量（运行阶段），m³/a；

W_{R}——再生水设计利用量（规划设计阶段）或实际利用量（运行阶段），m³/a；

W_{r}——雨水设计利用量（规划设计阶段）或实际利用量（运行阶段），m³/a；

W_{s}——海水设计利用量（规划设计阶段）或实际利用量（运行阶段），m³/a；

W_{o}——其他非传统水源利用量（规划设计阶段）或实际利用量（运行阶段），m³/a。

由于项目绿化浇灌、车库冲洗、道路冲洗用所收集的雨水供给，雨水不足的月份由市政中水进行补足，市政中水也为非传统水源，所以论坛中心项目超高层部分非传统水源设计使用量 $W_{\mathrm{u}} = (254.77 + 7904.13)/0.9 = 9065.44\text{m}^3/\text{a}$。

项目总设计用水总量为：$W_{\mathrm{t}} = 563319.72\text{m}^3/\text{a}$；所以：

$$R_{\mathrm{u}} = \frac{W_{\mathrm{u}}}{W_{\mathrm{t}}} \times 100\% = 9065.44/563319.72 = 1.61\%$$

4.4　项目总结

项目综合节能率为 51.48%，各项能源消耗指标如表 1-4-7 所示，非传统水源利用率

1.61%。

项目总投资7.4669亿元，为实现绿色建筑而增加的初投资成本246.88万元，单位面积增量成本18.5元/m²，技术经济效益显著。

项目运行数据预测表 表1-4-7

类别		预测数据
节能	综合节能率	51.48%
	单位建筑面积耗冷耗热量	139.86kWh/(m²·a)
	单位建筑面积耗冷量	139.62kWh/(m²·a)
	单位建筑面积耗热量	0.24kWh/(m²·a)
节水	非传统水源利用率	1.61%

项目成本数据统计表 表1-4-8

项目建筑面积（万m²）：13.345
工程总投资（亿元）：7.4669
为实现绿色建筑而增加的初投资成本（万元）：246.88
单位面积增量成本（元/m²）：18.5

5. 海口永和花园

【二星级设计标识—居住建筑】

5.1 项目概况

海口市永和花园地处海南省海口市长滨路以西，南海大道以北。项目共有12栋住宅，均为高层建筑，属于限价商品房。总用地面积80984.82m²，总建筑面积307992.70m²，建筑密度16.74%，绿地率42.95%。

图1-5-1　海口永和花园设计效果图

工程总投资15亿元，2011年12月立项，2014年8月竣工。项目关键评价指标情况详见表1-5-1。

项目关键评价指标情况　　　　　　　　表1-5-1

指标	单位		指标	单位	
建筑面积	万m²	30.8	非传统水量	m³/a	9739.23
地下建筑面积	m²	41988.52	用水总量	m³/a	616406.96
地下建筑面积与建筑占地面积比	%	310	非传统水源利用率	%	1.58
透水地面面积比	%	52	建筑材料总重量	t	—
建筑总能耗	MJ/a	—	可再循环材料重量	t	—
单位面积能耗	kWh/(m²·a)	—	可再循环材料利用率	%	—

指标	单位		指标	单位	
建筑用电量	万 kWh/a	—	可再生能源产生的热水量	m³/a	39060.76
可再生能源发电量	万 kWh/a	0	建筑生活热水量	m³/a	75686.4
节能率	%	50.08	可再生能源产生的热水比例	%	51.61

5.2 项目绿色技术策略

5.2.1 可再生能源利用

海口市地处低纬度热带北缘，全年日照时间长，辐射能量大，年平均日照时数 2000h 以上，太阳辐射量可达 11～12 万卡。项目中每栋住宅楼的顶部 12 层采用太阳能热水系统，横插真空管太阳能集中集热、集中供热，全自动定时供应热水。辅助加热，由太阳能热水管入户的住户自行采用燃气加热。规划户数 2846 户，安装户数 1440 户，覆盖率为 51%。全年可产生热水 39060.76t，占居民生活用热水的 51.61%，年节约成本 141.08 万元，静态投资回收期为 5 年。

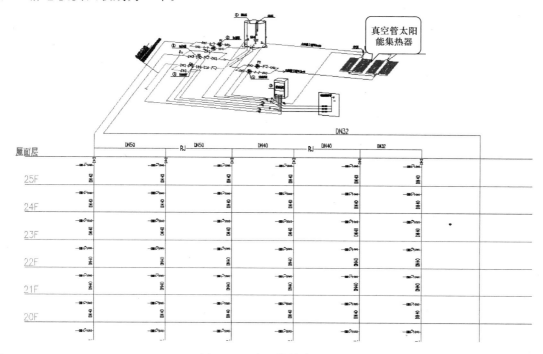

图 1-5-2 太阳能热水系统图

5.2.2 自然采光

卧室、起居室（厅）、书房、厨房设置外窗，各房间的窗地面积比都满足不小于 1/7 的相关标准要求，满足自然采光的要求，窗地面积比统计结果如表 1-5-2 所示。

窗地面积比统计结果 表 1-5-2

户型	房间名称	地面面积（m²）	外窗面积（m²）	窗地比	标准要求	达标情况
C-Ⅰ户型	卧室 1	14.04	7.03	0.18	1/6	√
	卧室 2	9.52	5.64	0.22	1/6	√
	客厅	9.97	7.03	0.46	1/6	√
	厨房	4.96	5.64	0.25	1/6	√
C-Ⅱ户型	卧室 1	11.38	2.52		1/6	√
	卧室 2	12.41	4.62	0.37	1/6	√
	客厅	12.83	3.36	0.26	1/6	√
	厨房	5.2	1.26	0.24	1/6	√
C-Ⅲ户型	卧室 1	9.65	2.1	0.22	1/6	√
	卧室 2	12.03	3.7	0.31	1/6	√
	客厅	13.17	4.62	0.35	1/6	√
	厨房	5.2	1.26	0.24	1/6	√
F-Ⅰ户型	主卧室	14.28	4.62	0.32	1/6	√
	卧室 1	9.99	2.1	0.21	1/6	√
	卧室 2	10.36	2.1	0.20	1/6	√
	客厅	15.2	5.28	0.35	1/6	√
	厨房	5.22	1.26	0.24	1/6	√
F-Ⅱ户型	卧室 1	11.75	3.36	0.29	1/6	√
	卧室 2	11.9	2.55	0.21	1/6	√
	卧室 3	12.09	2.1	0.17	1/6	√
	客厅	17.8	5.28	0.30	1/6	√
	厨房	5.76	1.26	0.22	1/6	√

10 号楼标准层Ⅳ级采光要求功能空间采光效果见图 1-5-3，平均采光系数为 6.09%，等值线间距为 1.1%。10 号楼标准层Ⅳ级采光要求功能空间面积约 228.70m²，采光系数全部达到了《建筑采光设计标准》GB 50033—2013 中相关房间的采光系数要求，占 10 号楼标准层Ⅳ级采光要求功能空间的 100%。

5.2.3 智能照明控制

项目公共走道及楼梯间选用远红外控、声控或触摸延时自熄式照明开关，避免灯具长明造成电能浪费。

5.2.4 雨水系统

项目采用雨水收集处理系统，主要收集 B5～B12 楼屋面的雨水，经过沉淀—弃流—过滤、消毒—回用水箱等过程后，用于室外绿化灌溉和道路浇洒。

雨水初期弃流采用离心式过滤弃流装置，弃流雨水流入下游雨水管道或市政雨水口，中后期洁净雨水进入机械夹砂缠绕 YFRP 玻璃钢水池，余量雨水溢流至下游管段。过滤器采用石英砂过滤器，可以有效去除水中的悬浮物，并对水中的有机物、胶体、大分子有机物等有明显的去除作用。过滤器各参数可按实际工况进行调整，操作灵活简便，过滤精度高，寿命长。紫外线消毒器选用高效率的 UV-C 紫外灯，选用世界领先的低压高强度紫外

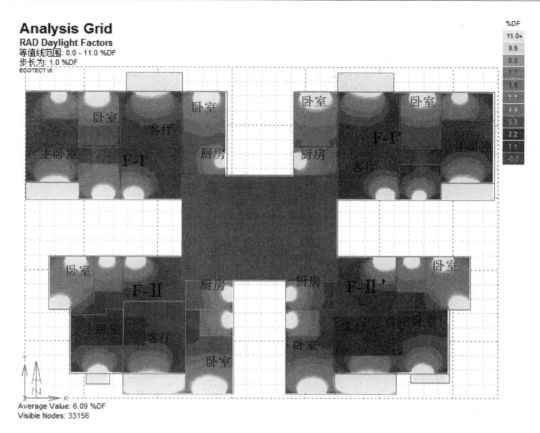

图 1-5-3　10 号楼标准层Ⅳ级采光要求功能空间采光效果图

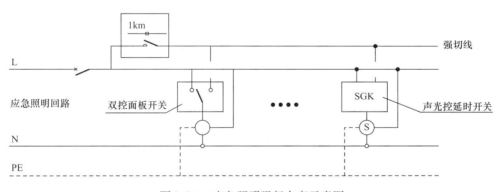

图 1-5-4　应急照明强行点亮示意图

线灯管，灯管使用寿命保证在 8000～10000h 以上。雨水回用系统的管网标注有"雨水"标志，并不得与自来水管网直接连接，取水口应设带锁装置，以防止误接、误用、误饮。

5.2.5　节水器具

项目所有水嘴均采用陶瓷阀芯的全塑产品、蹲便器、小便器采用延时自闭冲洗阀，坐便器均采用冲洗水箱容积为 6L/3L 两档的节水型产品。

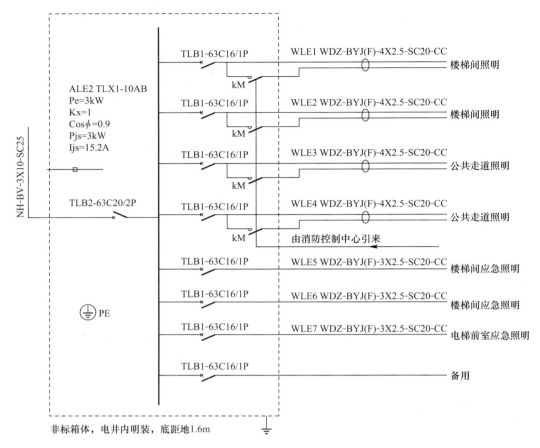

图 1-5-5 应急照明配电箱系统图

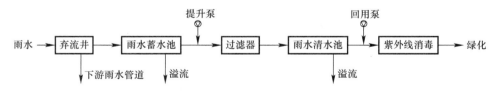

图 1-5-6 雨水处理工艺流程

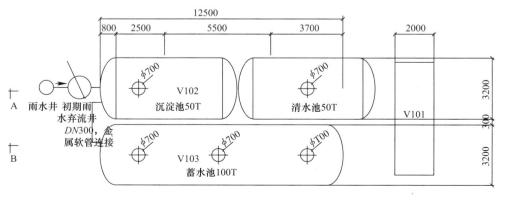

图 1-5-7 雨水收集系统平面布置图

节水器具清单		表 1-5-3
节水器具名称	节水器具主要特点	节水率
节水型坐便器	6L/3L 两档冲水	≥8%
节水型水嘴	陶瓷阀芯	≥8%
节水型小便器	延时自闭冲洗阀	≥8%

5.2.6 自然通风

项目各户型建筑立面均设有通风口，并且位置分布均匀，室内各功能空间均设有外门窗开启扇，能够有效地组织室内自然通风。各单元户型的居住空间通风开口面积比例均大于 8%，有利于室内自然通风，通过软件模拟可知，各户型的主要房间，在自然通风条件下换气次数不低于 2 次/h。

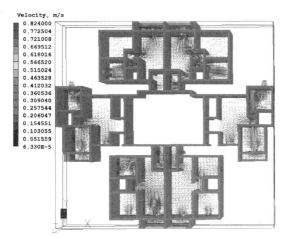
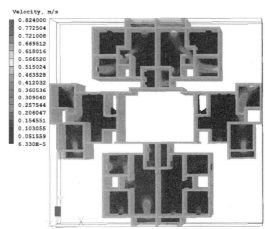

图 1-5-8　室内自然通风模拟风速矢量图和风速云图

5.2.7 绿化与透水地面

住区景观植物配植以乡土植物为主，采用乔、灌、草相结合的方式。乔木：大王棕、槟榔、海南椰子、杧果、大叶榄仁、红花木棉等；灌木：大红花球、黄金榕球、九里香球、旅人蕉、苏铁等；地被类：黄金榕、黄新梅、红桑、满天星、夹竹桃等。乔木树共种植 2005 棵，绿地面积是 34782.98m²，百平方米乔木树是 5.7 棵。

项目透水地面主要为室外绿地。住区总用地面积 80984.82m²，绿地率为 42.95%，绿地面积为 34782.98m²，建筑基地面积为 13556.86m²，室外地面面积为 67427.96m²，计算室外透水地面面积比为 52%，以最大限度地增加雨水的自然渗透，补给地下水资源。

图 1-5-9　项目某建筑屋顶绿化效果

43

5.3　运行效果预测分析

5.3.1　项目能耗预测

项目设计参见能耗指标如表 1-5-4 所示，设计建筑能耗占参照建筑能耗比例分别为 76.4%、97.3%、79.0%，可计算出设计建筑节能率为 61.78%、51.34%、60.48%，满足夏热冬暖南区居住建筑节能率的要求。

设计建筑与参照建筑单位面积能耗汇总表　　　　　表 1-5-4

气候区	指标	单位	参照建筑			设计建筑		
			1 号	6 号	11 号	1 号	6 号	11 号
夏热冬暖地区	空调年耗电量	kWh/m²	24.62	26.04	24.39	18.82	25.34	19.28
	全年总耗电量	kWh/m²	24.62	26.04	24.39	18.82	25.34	19.28
	能耗比例	—	—	—	—	76.4%	97.3%	79.0%

5.3.2　项目用水统计

项目全年总用水量为 449833.14m³，其中自来水用水量 442743.11m³，雨水用水量 7090.03m³，非传统水源利用率达到 1.58%。具体数据详见表 1-5-5，项目将回收处理的雨水用于绿化浇灌，雨水不足时由市政水补充。根据雨水收集量及绿化用水量情况，逐月统计雨水利用情况，如表 1-5-6。

项目用水量计算表　　　　　表 1-5-5

序号	用水项目	用水标准	单位	使用数量	单位	天数	年用水（m³）
1	生活用水	120	L/人·d	9107	人	365	398886.6
2	道路浇洒	0.40	L/m²·次	26115.98	m²	30	313.39
3	绿化灌溉	0.28	m³/(m²·a)	34782.98	m²	90	9739.23
4	未预见水量	总用水量的 10%					40893.92
总计							449833.14

项目雨水平衡分析统计表　　　　　表 1-5-6

月份	收集雨水量（m³）	需水量（m³）		总需水量（m³）	雨水利用量（m³）	雨水盈余量（m³）
		灌溉次数	绿化			
1	0	0	0	0	0	0
2	0	0	0	0	0	0
3	237.81	8	865.6	865.6	237.81	−627.79
4	470.91	8	865.6	865.6	470.91	−394.69
5	852.53	10	1082	1082	852.53	−229.47
6	1066.83	13	1406.6	1406.6	1066.83	−339.77
7	1025.01	13	1406.6	1406.6	1025.01	−381.59

月份	收集雨水量（m³）	需水量（m³）		总需水量（m³）	雨水利用量（m³）	雨水盈余量（m³）
		灌溉次数	绿化			
8	1107.25	12	1298.4	1298.4	1107.25	−191.15
9	1147.20	9	973.8	973.8	973.8	173.4
10	1054.61	9	973.8	973.8	973.8	80.81
11	382.09	8	865.6	865.6	382.09	−483.51
12	0	0	0	0	0	0
总计	7344.24	90	9738	9738	7090.03	−2393.76

从水量平衡分析计算结果可以看出，全年降雨量不能满足绿化灌溉用水的要求，不足部分须由市政自来水进行补充，其中9~10月份雨水有盈余。

5.4 项目总结

项目预测能耗为 22kWh/(m²·a)，综合节能率为 55.78%，各项能源消耗指标如表 1-5-7所示，非传统水源利用率1.58%。

经济分析显示，本项目工程总投资 15 亿元，为实现绿色建筑而增加的初投资成本 770 万元，单位面积增量成本 25 元/m²。此外，各项节能措施的实施在运行过程中也显示出潜在的节能效益，太阳能热水系统全年可产生热水 39060.76t，占居民生活用热水的 51.61%，年节约成本 141.08 万元；每年利用的非传统水源雨水量为 7090.03m³，每年节省水费 2.2 万元。

项目运行数据预测表　　表 1-5-7

类别		预测数据
节能	综合节能率	55.78%
	单位建筑面积能耗	22kWh/(m²·a)
	单位建筑面积空调能耗	22kWh/(m²·a)
节水	非传统水源利用率	1.58%

项目成本数据统计表　　表 1-5-8

项目建筑面积（万 m²）：30.8
工程总投资（亿元）：15
为实现绿色建筑而增加的初投资成本（万元）：770
单位面积增量成本（元/m²）：25

6. 三亚君和君泰2号~7号楼项目

【二星级设计标识—居住建筑】

6.1 项目概况

三亚君和君泰2号~7号项目位于三亚市吉阳镇荔枝沟片区，基地南侧临近东环铁路，三亚绕城高速荔枝沟连接段从项目用地东部区域穿过。项目一期规划用地面积为101622.35m²，可建设用地面积84883.03m²，总建筑面积293450.01m²，住宅建筑总面积119795.19m²。项目一期分为南北区，南区为2号~4号楼，包括1栋住宅、3栋公寓、2层地下车库；北区为5号~7号楼，包括3栋住宅、1层地下车库。小区机动车停车位为2249辆（地上646辆，地下1603辆）。

图 1-6-1 项目效果图

工程总投资20亿元，2012年11月1日完成项目立项，2014年5月1日完成施工图审查，2014年5月1日开始施工，2017年11月计划竣工。项目关键评价指标情况详见表1-6-1。

项目关键评价指标情况　　　　　　　　　　　表 1-6-1

指标	单位		指标	单位	
建筑面积	万 m²	11.98	非传统水量	m³/a	18142.98
地下建筑面积	m²	72690	用水总量	m³/a	434237.5

续表

指标	单位		指标	单位	
地下建筑面积与建筑占地面积比	%	60.68	非传统水源利用率	%	4
透水地面面积比	%	60.3	建筑材料总重量	t	—
建筑总能耗	MJ/a	—	可再循环材料重量	t	0
单位面积能耗	kWh/m²a	—	可再循环材料利用率	%	0
建筑用电量	万 kWh/a	—	可再生能源产生的热水量	m³/a	29539.92
可再生能源发电量	万 kWh/a	0	建筑生活热水量	m³/a	129788.75
节能率	%	52	可再生能源产生的热水比例	%	22.76

6.2 项目绿色技术策略

6.2.1 可再生能源利用

根据项目区位气候特点以及建筑使用功能、日照分析，实现能源的有效利用。项目采用以集中太阳能热水系统为主、户式燃气热水器为辅的生活热水供应系统。项目太阳能集热器安装于屋面上，保证设备使用安全及建筑物外观不受影响。项目使用太阳能热水的用户为 53%，太阳能热水可以满足 28.2% 的生活热水需求。

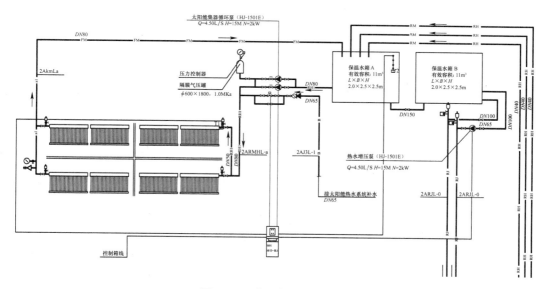

图 1-6-2 太阳能热水系统图

6.2.2 自然采光

项目卧室、起居室（厅）、书房、厨房设置外窗，各房间的窗地面积比都满足不小于 1/7 的相关标准要求，满足自然采光的要求，窗地面积比统计结果如表 1-6-2 所示。

房间类型	采光等级	外窗类型（侧窗、矩形天窗、平天窗）	窗地面积比	
			实际值	标准要求
6 号-卧室 1	Ⅳ	侧窗	18.75%	1/7
6 号-卧室 2	Ⅳ	侧窗	43.15%	1/7
6 号-客厅	Ⅳ	侧窗	24.83%	1/7
6 号-厨房	Ⅳ	侧窗	37.06%	1/7

窗地面积比统计结果 表 1-6-2

6.2.3 自然通风

项目各户型建筑立面的通风口位置分布均匀，室内各功能空间均设有外门窗开启扇，且卧室、客厅等主要功能空间的通风开口面积最小为 9.11%，大于夏热冬暖地区限值 8%的要求，能够有效地组织室内自然通风。通过对三亚君和君泰 2 号～7 号楼项目各户型进行模拟分析（图 1-6-3），各户型主要功能房间的通风换气次数均在 2 次/h 以上，居住空间能自然通风。

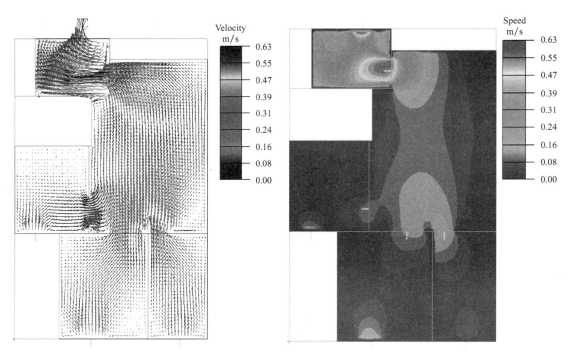

图 1-6-3 B 户型风速矢量图和云图

6.2.4 雨水系统

项目采用雨水收集处理系统，主要收集屋面和道路的雨水，经过沉淀—弃流—过滤、消毒—回用水箱等过程后，用于室外绿化灌溉、道路浇洒、水景用水。当雨水利用系统回用水箱水位达到低水位时，补充市政水源进雨水清水池。经计算，非传统水源利用率为 4%。

项目采用埋地式雨水收集箱，经初期弃流、沉淀过滤、净化后的水质达：$COD_{cr}=$ 20mg/L；SS≤10mg/L；处理后的雨水满足《建筑与小区雨水利用工程技术规范》GB 50400—2006和《建筑给水排水设计规范》GB 50015—2009中对绿化灌溉用水水质要求。

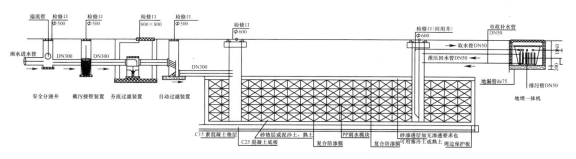

图1-6-4　雨水回收利用系统

6.2.5　节水器具

项目室内卫生间不采用一次性冲水量大于6L的坐便器，公共卫生间洗手盆采用感应式或者延时自闭式水嘴，小便器采用感应式或者延时自闭式冲洗阀，水池、水箱溢流水位均设进水管自动关闭装置，防止溢流排水。

节水器具清单　　　　　　　　　　　　　　　　　　　　　表1-6-3

节水器具名称	节水器具主要特点	节水率
公共卫生间洗手盆	感应或延时自闭水嘴	≥8％
坐便器	一次冲水量不大于6L	≥8％
小便器	感应或延时自闭式冲洗阀	≥8％

6.2.6　智能照明控制

项目楼梯间等公共部位的照明采用高效光源、高效灯具和节能控制措施。楼梯内采用带消防端子的15W感应吸顶灯或感应壁灯，车库照明采用T8型嵌入式荧光灯，且满足规范《建筑照明设计标准》GB 50034—2004。

6.2.7　绿化与透水地面

住区景观植物配植以乡土植物为主，住区内木本植物种类数为71种，其中乔木主要包括霸王桐、槟榔、大王棕、斐济桐、油棕、三角椰子等，灌木主要包括变叶木、非洲茉莉球、红车、米兰球、皇冠龙舌兰等，地被类主要为台湾草、红龙草、三角梅等。北区共种植乔木总株数为996株，北区绿化面积为12865.8m²，平均每百平方米绿地面积上的乔木数为7株，百平方米绿地乔木数大于3株。

住区总用地面积84883.03m²，绿地率为44.78％，绿地面积38010.6m²；建筑基地面积为21842.2m²；室外地面面积为63040.83m²，室外透水地面面积比60.3％。

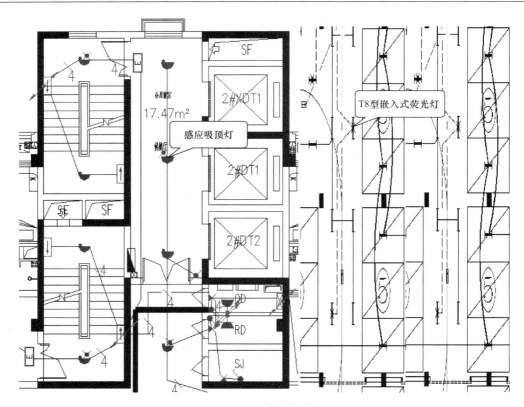

图 1-6-5　照明控制系统图

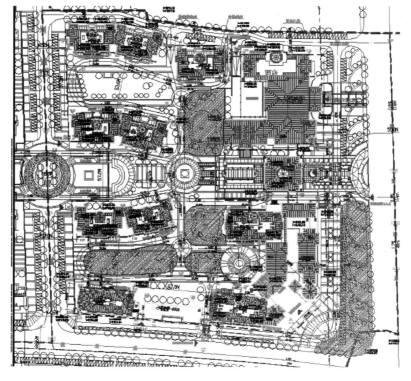

图 1-6-6　项目场地内公共绿地范围图

6.3 运行效果预测分析

6.3.1 项目能耗预测

按照当地节能标准中规定的计算方法进行能耗计算，计算结果见表 1-6-4。

设计建筑与参照建筑总能耗及单位面积能耗汇总表　　　　　　表 1-6-4

气候区	指标	单位	参照建筑			设计建筑		
			2A 号	4 号	5 号	2A 号	4 号	5 号
夏热冬暖地区	空调年耗电量	kWh/m²	46.61	63.9	62.79	42.72	61.24	60.84
	全年总耗电量	kWh/m²	46.61	63.9	62.79	42.72	61.24	60.84
	能耗比例		—	—	—	91.65%	95.84%	96.89%

可计算出设计建筑节能率：2A 号楼节能率为 54.17%，4 号楼节能率为 52.08%，5 号楼节能率为 51.55%。

6.3.2 项目用水统计

项目全年总用水量为 434237.5m³，其中自来水用水量为 1712673.97m³，雨水用水量为 9339.3m³，非传统水源利用率达到 4%。具体数据详见表 1-6-5。

项目总用水量表　　　　　　表 1-6-5

序号	用水部位		使用数量	用水定额	用水天数	平均日用水量（m³/d）	年用水量（m³/a）	水源
1	住宅生活用水量		6909 人	150 人/L·d	365d	1036.35	378267.75	市政自来水
2	绿化灌溉用水		35820.64m²	0.12m³/(m²·a)	30 次	76	10642.97	非传统水源
3	道路浇洒		8465.66m²	0.3L/(m²·a)	30 次	5.02	150.65	非传统水源
4	景观补水		1050m²	5%循环流量	100d	57	5700	非传统水源
5	未预见用水量	生活用水		—		103.64	37826.78	市政自来水
6		非传统水源				13.8	1649.362	非传统水源
7	总计	生活用水		—		1139.99	416094.53	市政自来水
8		非传统水源				151.8	18142.98	非传统水源

本项目非传统水源为雨水，非传统水源利用率计算公式：

$$R_u = 18142.98 / (18142.98 + 416094.53) \times 100\% = 4\%$$

式中：R_u——非传统水源利用率，%；

　　　W_u——非传统水源设计使用量（规划设计阶段）或实际使用量（运行阶段），m³/a；

　　　W_t——设计用水总量（规划设计阶段）或实际用水总量（运行阶段），m³/a；

6.4 项目总结

项目预测能耗为 54.9kWh/(m²·a)，综合节能率为 52.6%，非传统水源利用率 4%

（表 1-6-6）。

　　经济分析显示，项目工程总投资 20 亿元，为实现绿色建筑而增加的初投资成本 179.7 万元，单位面积增量成本 15 元/m²。同时，各项技术投资在运行阶段也将带来显著的经济效益，太阳能热水系统全年可产生热水 29539.92t，占居民生活用热水的 28.2%，年节约成本 106.69 万元；每年利用的非传统水源雨水量为 18142.98m³，每年节省水费 4.88 万元。

项目运行数据预测表　　　　　　　　　　　　　　　　　表 1-6-6

类别		预测数据
节能	综合节能率	52.6%
	单位建筑面积能耗	54.9kWh/(m²·a)
	单位建筑面积空调能耗	54.9kWh/(m²·a)
节水	非传统水源利用率	4%

项目成本数据统计表　　　　　　　　　　　　　　　　　表 1-6-7

项目建筑面积（万 m²）：11.98
工程总投资（亿元）：20
为实现绿色建筑而增加的初投资成本（万元）：179.7
单位面积增量成本（元/m²）：15

7. 三亚水居巷二期 B-3 地块项目

【一星级设计标识—居住建筑】

7.1 项目概况

三亚水居巷二期 B-3 地块（4 号、5 号、6 号楼）项目，地处海南省三亚市主城区解放路南段对景处，东面和南面临三亚西河，西起建港路，北至解放一路和三亚桥头。总用地面积 24197.55m²，总建筑面积 115420.19m²，绿地率 38%，容积率 3.49，建筑密度为 43.19%，总户数 942 户。

工程总投资 2.5 亿元，2013 年 10 月 30 日完成项目立项，2014 年 2 月 1 日完成施工图审查，2014 年 4 月 1 日开始施工，2015 年 5 月计划竣工。项目关键评价指标情况详见表 1-7-1。

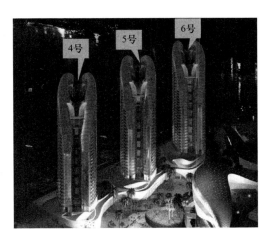

图 1-7-1　项目效果图

项目关键评价指标情况　　　　　　　　　　表 1-7-1

指标	单位		指标	单位	
建筑面积	万 m²	11.54	非传统水量	m³/a	18142.98
地下建筑面积	m²	18315.28	用水总量	m³/a	434237.5
地下建筑面积与建筑占地面积比	%	175	非传统水源利用率	%	2.5
透水地面面积比	%	66.8	建筑材料总重量	t	173750.9
建筑总能耗	MJ/a	—	可再循环材料重量	t	19244.82
单位面积能耗	kWh/m²a	—	可再循环材料利用率	%	11.08
建筑用电量	万 kWh/a	—	可再生能源产生的热水量	m³/a	0
可再生能源发电量	万 kWh/a	0	建筑生活热水量	m³/a	—
节能率	%	59	可再生能源产生的热水比例	%	0

7.2 项目绿色技术策略

7.2.1 自然采光

项目主要功能房间（卧室、起居室、书房）的窗地面积比都满足不小于 1/7 的相关标准要求，满足自然采光的要求，窗地面积比统计结果如表 1-7-2 所示。

窗地面积比统计结果 表 1-7-2

房间类型	采光等级	外窗类型（侧窗、矩形天窗、平天窗）	窗地面积比	
			实际值	标准要求
卧室	IV	侧窗	43.61%	1/7
书房	IV	侧窗	52.86%	1/7
客厅	IV	侧窗	75.58%	1/7
厨房	IV	侧窗	17.14%	1/7

7.2.2 自然通风

项目各户型建筑立面的通风口位置分布均匀，室内各功能空间均设有外门窗开启扇，且卧室、客厅等主要功能空间的通风开口面积比均大于 8%，能够有效地组织室内自然通风，项目平面布置图及通风开口面积比例统计分别见图 1-7-2 和表 1-7-3。

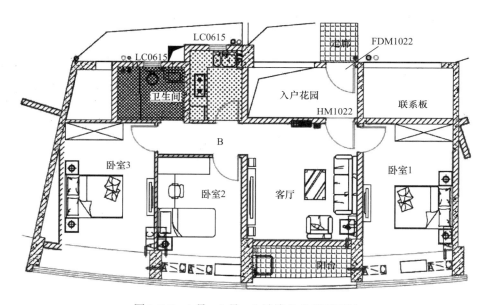

图 1-7-2 4 号、5 号、6 号楼 B 户型平面图

B 户型通风开口面积比例统计 表 1-7-3

居住空间	建筑面积（m²）	外窗编号	外窗长（mm）	外窗高（mm）	外窗面积（m²）	可开启面积（m²）	通风开口面积	标准要求
卧室 1	17.02	LC34185	3400	1850	6.29	1.92	0.11	0.08
卧室 2	12.54	LC30185	3050	1850	5.64	1.92	0.15	0.08
卧室 3	17.03	LC41185	4100	1850	7.59	1.98	0.12	0.08
厨房	4.51	LC0615	600	1500	0.9	0.65	0.14	0.08
客厅	24.86	LM2824	2800	2400	6.72	3.36	0.14	0.08
卫生间	4.37	LC0615	600	1500	0.9	0.65	0.15	0.08

7.2.3 雨水系统

项目采用雨水收集处理系统，主要收集屋面和道路的雨水，经过沉淀—弃流—过滤、消毒—回用水箱等过程后，用于室外绿化灌溉和车库冲洗。当雨水利用系统回用水箱水位达到低水位时，补充市政水源进雨水清水池。经计算，非传统水源利用率为 2.5%。

项目采用装配式 PP 雨水模块做雨水收集池，项目经初期弃流，弃流后进水水质为：$COD_{cr}=70\sim100mg/L$；$SS=20\sim40mg/L$；色度＝10～40 度；处理后的雨水满足《建筑与小区雨水利用工程技术规范》GB 50400—2006 和《城市污水再生利用城市杂用水水质》GB/T 18920—2002 中对绿化灌溉用水水质要求：$COD_{cr}=30mg/L$；$SS=10mg/L$；色度＝10～30 度。雨水回用系统的管网标注有"雨水"标志，并不得与自来水管网直接连接，取水口应设带锁装置，以防止误接、误用、误饮。

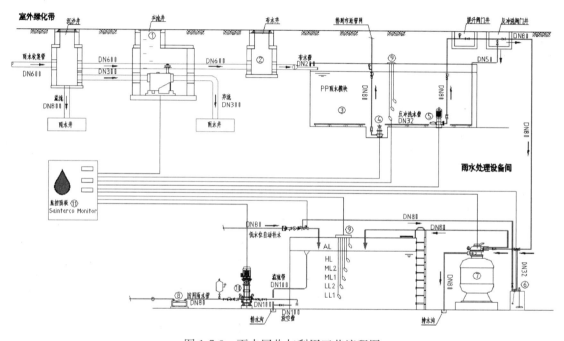

图 1-7-3　雨水回收与利用工艺流程图

7.2.4 节水器具

工程所配置生活用水器具采用节水型卫生器具，其产品的技术性能符合《节水型生活用水器具》CJ 164—2002 的要求，选用一次冲洗水量不大于 6L 的便器，最大流量不大于 0.15L/s 的节水型水嘴，最大流量不大于 0.15L/s 的淋浴器，以节约用水。

节水器具清单　　　　　　　　　　　　　　　　　　表 1-7-4

节水器具名称	节水器具主要特点	节水率
节水型水嘴	最大流量不大于 0.15L/s	≥8%
节水型坐便器	一次冲水量不大于 6L	≥8%
节水型淋浴器	最大流量不大于 0.15L/s	≥8%

7.2.5 智能照明控制

根据各功能区不同使用功能及不同的照度需求，选用不同的照明及光源，满足规范《建筑照明设计标准》GB 50034—2004，均采用节能型灯具，车库照明采用 T5 型荧光灯。项目采用节能的照明控制方式，楼梯走道采用节能自熄开关。

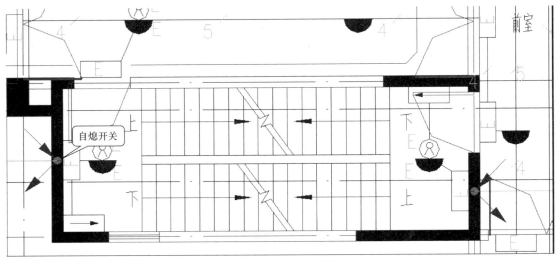

图 1-7-4 照明控制系统图

7.2.6 绿化与透水地面

住区景观植物配植以乡土植物为主，进行复合绿化，乔木灌木搭配错落有致，乔木采用规则与自然式种植相结合的方式。乔木主要包括大树菠萝、大叶紫薇、海南椰子、狐尾椰子、黄槐、火焰木等；灌木主要包括斑叶橡胶榕、丛生四季桂、大叶伞、黄花鸡蛋花、孔雀木、面包树等；地被类主要为红背桂、黄花马缨丹、黄金叶、黄鸟蕉、黄虾花、金花生等。乔木总株数为 282 株，住区绿地面积为 9195.07m²，平均每百平方米绿地面积上的乔木数为 3.07 株。

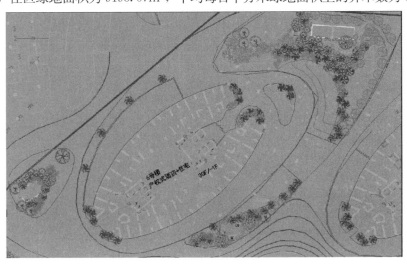

图 1-7-5 植物设计总图

住区总用地面积 24197.55m²，绿地率为 38%，绿地面积 9195.07m²；建筑基地面积为 10450.45m²；室外地面面积 13747.1m²，室外透水地面面积比为 66.8%。

7.3 运行效果预测分析

7.3.1 项目能耗预测

按照当地节能标准中规定的计算方法进行能耗计算，计算结果见表 1-7-5。

设计建筑与参照建筑总能耗及单位面积能耗汇总表　　　　　　　表 1-7-5

气候区	指标	单位	参照建筑			设计建筑		
			4 号	5 号	6 号	4 号	5 号	6 号
夏热冬暖地区	空调年耗电量	kWh/m²	78.99	79.2	62.28	64.54	64.47	52.32
	全年总耗电量	kWh/m²	78.99	79.2	62.28	64.54	64.47	52.32
	能耗比例		—	—	—	81.7%	81.4%	84%

可计算出设计建筑节能率：4 号楼节能率为 59.15%，5 号楼节能率为 59.3%，6 号楼节能率为 57.99%。

7.3.2 项目用水统计

项目全年总用水量为 149868.6m³，其中自来水用水量为 146121.45m³，雨水用水量为 3747.15m³，非传统水源利用率达到 2.5%。具体数据详见表 1-7-6。

项目总用水量表　　　　　　　　　　　　表 1-7-6

序号	用水项目	用水标准	单位	使用数量	单位	天数	年用水（m³）
1	生活用水	120	L/人·d	3015	人	365	132057
2	道路浇洒	0.4	L/m²·次	4552.03	m²	30	54.62
3	绿化灌溉	3	L/m²·d	9195.07	m²	127	3503.3
4	车库冲洗	3	L/m²·d	17479.28	m²	12	629.3
5	未预见水量		总用水量的10%				13599.72
总计							149596.90

项目非传统水源为雨水，非传统水源利用率计算公式：

$$R_u = \frac{W_u}{W_t} \times 100\% = \frac{3747.15}{149868.6} = 2.5\%$$

式中：R_u——非传统水源利用率，%；

W_u——非传统水源设计使用量（规划设计阶段）或实际使用量（运行阶段），m³/a；

W_t——设计用水总量（规划设计阶段）或实际用水总量（运行阶段），m³/a。

7.4 项目总结

项目预测能耗为 60.44kWh/(m²·a)，综合节能率为 58.8%，非传统水源利用率

2.5%。经经济性分析，工程总投资 2.5 亿元，为实现绿色建筑而增加的初投资成本 33 万元，单位面积增量成本 2.89 元/m²。

项目运行数据预测表　　　　　表 1-7-7

类别		预测数据
节能	综合节能率	58.8%
	单位建筑面积能耗	60.44kWh/(m²·a)
	单位建筑面积空调能耗	60.44kWh/(m²·a)
节水	非传统水源利用率	2.5%

项目成本数据统计表　　　　　表 1-7-8

项目建筑面积（万 m²）：11.54
工程总投资（亿元）：2.5
为实现绿色建筑而增加的初投资成本（万元）：33
单位面积增量成本（元/m²）：2.89

8. 海南华润石梅湾九里一期 B 区公寓

【二星级设计标识—居住建筑】

8.1 项目概况

项目为低层高密度度假性住宅,总平面布局、交通组织、场地竖向等均考虑了度假性住宅的特定要求。场地北靠西岭,南邻南海,西南面为青皮林,东面为海田溪。用地南低北高,南北向最长约 490m,东西向最长约 880m。本次设计范围为 B 区公寓。建筑面积 82618.88m²,建筑高度 22.35～28.65m。

图 1-8-1 设计效果图

工程总投资 2.265 亿元,2011 年 5 月立项,2011 年 12 月完成施工图审查,2011 年 11 月开始施工,2013 年 7 月竣工。项目关键评价指标情况详见表 1-8-1。

项目关键评价指标情况 表 1-8-1

指标	单位		指标	单位	
建筑面积	万 m²	8.26	非传统水量	m³/a	17483.5
地下建筑面积	m²	3610.04	用水总量	m³/a	215139.44
地下建筑面积与建筑占地面积比	%	28.7	非传统水源利用率	%	8.13
透水地面面积比	%	57	建筑材料总重量	t	135113

续表

指标	单位		指标	单位	
建筑总能耗	MJ/a	1.23×10^6	可再循环材料重量	t	5540
单位面积能耗	kWh/m²a	73.93	可再循环材料利用率	%	4.1
建筑用电量	万 kWh/a	—	可再生能源产生的热水量	m³/a	41573.5
可再生能源发电量	万 kWh/a	0	建筑生活热水量	m³/a	47391.6
节能率	%	55.36	可再生能源产生的热水比例	%	87.7

8.2 项目绿色技术策略

8.2.1 可再生能源利用

海南万宁市集热器采光面上的年平均日太阳辐照量为 $18000kJ/m^2$，太阳能保证率 50%，集热器的年平均集热效率 40%，太阳能面板适宜安装角度为正南向 15°。

项目充分利用海南太阳能资源丰富的优势，设置太阳能热水系统，每户设置一个 300L 不锈钢承压太阳能集热水箱，聚氨酯保温，在每户屋顶设置 2 块 1m×2m 的平板太阳能面板。热水采用电辅助加热，在每个热水箱内设置 3kW 的电加热棒。所有住户均有太阳能热水，可再生能源的使用量占建筑总能耗的比例大于 20%。

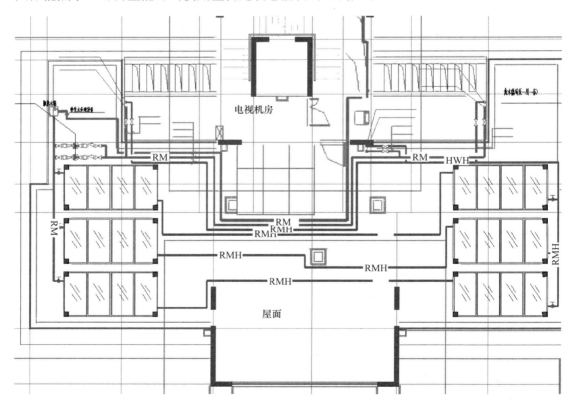

图 1-8-2 B13 号楼出屋面部分太阳能平面图

8.2.2 自然采光

项目通过日照模拟对住区建筑布局进行优化，保证室内外日照环境满足国家标准《城市居住区规划设计规范》GB 50180 中有关住宅建筑的日照标准要求。卧室、起居室（厅）、书房、厨房设置外窗，各房间的窗地面积比都满足不小于 1/7 的相关标准要求，满足自然采光的要求，其中卫生间的窗地面积比不能满足标准要求，需要进行自然采光模拟计算，窗地面积比统计结果如表 1-8-2 所示。

窗地面积比统计结果 表 1-8-2

房间类型	采光等级	外窗类型（侧窗、矩形天窗、锯齿形天窗、平天窗）	窗地面积比	
			实际值	标准要求
起居室（厅）、卧室、书房、厨房	Ⅳ	侧窗	23%	1/7
过厅、楼梯间、餐厅	Ⅴ	侧窗	17%	1/7
卫生间	Ⅴ	侧窗	6%	1/7

从图 1-8-3 可以看出室内采光效果较好，各户型室内主要功能房间最小采光系数值为 1.0%，其中采光系数值大于标准值 1.0% 占总建筑面积的 90.9%，平均采光系数值为 6.02%，平均照度值为 301lx，均满足《建筑采光设计标准》GB/T 50033—2013 的条文中 3.2.1 居住建筑的采光系数标准值应符合表 3.2.1 的规定。

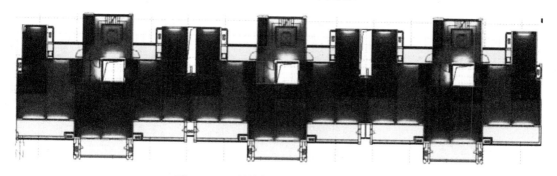

图 1-8-3　6 号楼标准层采光模拟分析图

8.2.3 自然通风

项目各户型建筑卧室、起居室等主要功能空间的通风开口面积比均大于 8%，能够有效地组织室内自然通风。

通风开口面积比例统计表 表 1-8-3

房间类型	通风开口面积比例
1 号 1005	21%
9 号 1009	16%
10 号 1510	13%
11 号 1315	19%
5 号 1003	23%

由图 1-8-4 和图 1-8-5 可以看出，该建筑所有户型均可形成穿堂风，并且室内空气龄全部小于 180s，室内空气品质良好。

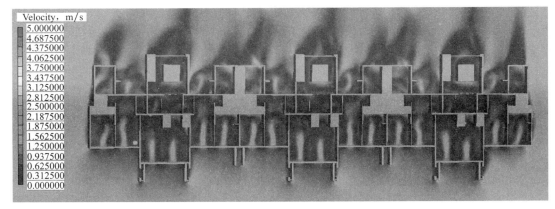

图 1-8-4　室内风环境分布图

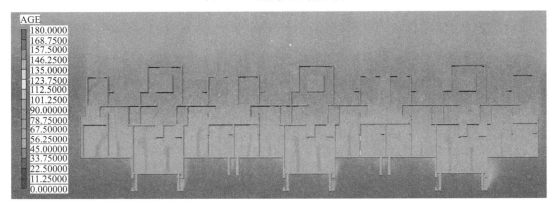

图 1-8-5　室内空气龄分布图

8.2.4　智能照明控制

项目照明控制根据功能要求采用分组、分区、动静控制、时间控制、光敏调节照度或开关等方式，楼梯间、电梯厅等公共场所照明采用红外感应节能自熄开关。

8.2.5　中水系统

工程地下室车库冲洗、室外园林景观灌溉采用市政中水。中水应注明"中水"，避免误饮。中水使用安全措施：

1. 中水管道、设备和接口设有明显标识，保证与其他生活用水管道严格区分，防止误接、误用。

2. 中水给水系统设有备用水源、溢流装置以保障用水安全。

3. 当采用自来水补水时，补水管与溢流水面高差满足规范要求，防止污染自来水。

中水回用于生活杂用，应满足下列基本要求：

1. 卫生上安全可靠，不含有害物质。主要衡量指标包括大肠菌指数、细菌总数、余氯量、悬浮物、生化需氧量及化学需氧量等。

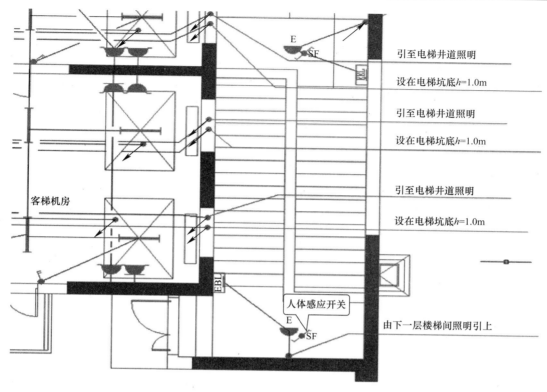

图 1-8-6　照明平面图

2. 感观上无不快感。主要衡量指标包括浊度、色度、臭气、表面活性剂和油脂等。

3. 对管道及设备无不良影响。不引起管道设备的腐蚀、结垢及不造成维修管理困难。主要衡量指标有 pH 值、硬度、蒸发残留物及溶解性物等。

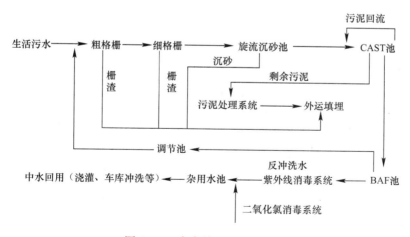

图 1-8-7　中水处理工艺流程图

8.2.6　节水器具

项目所有洁具采用节水型，卫生器具配件与水池（箱）液位控制阀采用质优、可靠性强的产品。坐便器采用不大于 6L 冲洗水箱。洗脸盆、洗水盘、洗涤（池）盘采用陶瓷片等密封耐用、性能优良的水嘴，公共卫生间的水嘴采用自动感应式控制。

节水器具清单　　　　　　　　　　　　　　表 1-8-4

节水器具名称	节水器具主要特点	节水率
坐便器	节水型、单档、分体式、下排式	20
洗面器	台上式、有溢流孔	21
单把手盥洗盆龙头	流水面积大、水流柔和细腻，手感舒适且清洁效果好，水滴飞溅也少	20
淋浴花洒	高灵敏度控制温度、铜材质本体，更耐腐蚀	25

8.2.7　绿化与透水地面

建筑总用地面积 50803m²，建筑基底面积 12577.93m²，住区绿地率为 40%，种植适应当地气候和土壤条件的乡土植物，选用少维护、耐候性强、病虫害少、对人体无害的植物。项目的主要绿化物种有，乔木：银海枣、海南椰子、大秋枫、红蒲桃 A、大肚木棉、南洋楹 A、仁面子、杧果等；灌木：鸡蛋花、龙血树、鱼尾葵、小叶紫薇、大叶青铁、散尾葵、大叶伞、黄金榕球、再力花等；地被：细叶棕竹、海芋、龟背竹、葱兰、紫雪茄、肾蕨、台湾草等。

B 区公寓为多层、中高层建筑，内部相互间距为 8.40～60.09m，与周边低、多层住宅间距为 16.49～26.03m，总用地面积为 50803m²，绿地面积为 20340m²，硬质铺装面积为 1653.2m²，透水砖面积为 4251m²，植草砖面积为 1552m²。室外透水地面面积比 57%。

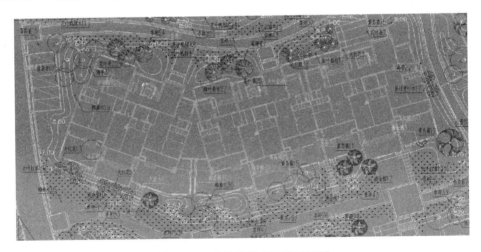

图 1-8-8　项目某建筑绿化平面图

8.3　运行效果预测分析

8.3.1　项目能耗预测

当所设计的建筑不能同时满足国家或地方标准中围护结构热工性能的所有规定性指标

时，应按照当地节能标准中规定的计算方法进行能耗计算，计算结果如表 1-8-5。

设计建筑与参照建筑单位面积能耗汇总表　　　　表 1-8-5

气候区	指标	单位	参照建筑			设计建筑		
			2 号	6 号	11 号	2 号	6 号	11 号
夏热冬暖地区	空调年耗电量	kWh/m²	42.78	42.49	38.52	37.43	37.1	38.38
	能耗比例		—	—	—	87.49%	87.31%	99.64%

根据上表，可计算出设计建筑节能率分别为 56.25%、56.34%、50.18%，满足夏热冬暖南区居住建筑节能率的要求。

8.3.2　项目用水统计

项目全年总用水量为 215139.44m³，其中自来水用水量为 197655.94m³，中水用水量为 17483.5m³，非传统水源利用率达到 8.13%。具体数据详见表 1-8-6。

项目用水量计算表　　　　表 1-8-6

序号	项目	使用人数和面积	用水定额		小时变化系数	使用时间	用水量		备注
			单位	最高日			最大时	最高日	
1	住宅	2163	L/人·d	300	2.3	24	62.22	648.9	
2	游泳池								按每天 10% 补水
3	车库冲洗	3610	L/m²·次	2	1.0	6	1.2	7.22	5 天 1 次
4	绿化浇洒	20340	L/m²·次	2	1.0	6	6.78	40.68	1 天 1 次
5	以上小计	按本表 1-4 项之和					70.2	696.8	
6	未预见水量	按本表 1-4 项之和的 10% 计					7.02	69.68	
7	用水量	本表 6-7 项之和					77.22	766.48	

项目非传统水源为中水，非传统水源利用率计算公式：

$$R_u = \frac{W_u}{W_t} \times 100\% = \frac{47.9}{766.48 \times 0.769} \times 100\% = 8.13\%$$

式中：R_u——非传统水源利用率，%；

W_u——非传统水源设计使用量（规划设计阶段）或实际使用量（运行阶段），m³/a；

W_t——设计用水总量（规划设计阶段）或实际用水总量（运行阶段），m³/a。

8.4　项目总结

项目预测能耗为 37.64kWh/(m²·a)，综合节能率为 55.78%，非传统水源利用率 8.13%（表 1-8-7）。

经济性分析显示，工程总投资 2.265 亿元，为实现绿色建筑而增加的初投资成本 195.51 万元，单位面积增量成本 86 元/m²。同时，各项技术投入在建筑运行阶段也可带来显著的经济效益，太阳能热水系统全年可产生热水 41573.5t，占居民生活用热水的

87.7%，年节约成本 150.16 万元；每年利用的非传统水源中水量为 17483.5m³，每年节省水费 6.6 万元。

项目运行数据预测表　　　　　　　　　　　表 1-8-7

类别		预测数据
节能	综合节能率	54.26%
	单位建筑面积能耗	37.64kWh/(m² · a)
	单位建筑面积空调能耗	37.64kWh/(m² · a)
节水	非传统水源利用率	8.13%

项目成本数据统计表　　　　　　　　　　　表 1-8-8

项目建筑面积（万 m²）：8.26
工程总投资（亿元）：2.265
为实现绿色建筑而增加的初投资成本（万元）：195.51
单位面积增量成本（元/m²）：86

9. 三亚海棠湾喜来登度假酒店

【三星级设计标识—公共建筑】

9.1 项目概况

三亚海棠湾度假酒店位于三亚海棠湾B位七号地，包括喜来登度假酒店、豪华精选度假酒店、配套设施功能区（公共区）及别墅区。本次申报范围主要为喜来登酒店，建筑面积50921.41m²，占地面积9972.4m²，层数为地上主体6层，地下2层，地上建筑面积36301.00m²，地下建筑面积14620.41m²；主体建筑高度27.75m。

图 1-9-1　项目实际效果

项目2008年4月30日完成项目立项，2009年8月8日完成施工图审查，2009年10月10日开始施工，2012年12月竣工。项目关键评价指标情况详见表1-9-1。

项目关键评价指标情况　　　　　　　　　　　　　　　　　表 1-9-1

指标	单位		指标	单位	
建筑面积	万 m²	5.09	非传统水量	m³/a	115316.1
地下建筑面积	m²	14620.41	用水总量	m³/a	393982.65
地下建筑面积与建筑占地面积比	%	146.61	非传统水源利用率	%	29.3
透水地面面积比	%	79.5	建筑材料总重量	t	162896
建筑总能耗	MJ/a	9810669.6	可再循环材料重量	t	31347
单位面积能耗	kWh/m²a	53.54	可再循环材料利用率	%	19.2
建筑用电量	万 kWh/a	—	可再生能源产生的热水量	m³/a	29930
可再生能源发电量	万 kWh/a	0	建筑生活热水量	m³/a	140298.7
节能率	%	50.35	可再生能源产生的热水比例	%	21.33

9.2　项目绿色技术策略

9.2.1　可再生能源利用

为最大化利用可再生能源，项目采用集中式太阳能热水系统为客房提供太阳能热水，由于屋面面积有限，能提供的集热板布置面积为 $345.6m^2$ 和 $748.8m^2$，按照每平方米太阳能板提供 75L 热水计算，可提供的热水量为 $82m^3/d$，太阳能利用率为 21.3%。

图 1-9-2　集热板布置图

9.2.2　立体绿化

项目在喜来登酒店客房一至六层的阳台都布置有花池，交替种植了龙吐珠炮仗花。酒店 H1 段 5 层有绿化屋面 $167m^2$，H1 段 6 层有绿化屋面 $370m^2$，H2 段 6 层有绿化屋面 $232m^2$，H3 段 6 层有绿化屋面 $867m^2$，大堂屋面绿化面积为 $938m^2$，总的屋顶绿化面积为 $2574m^2$，屋顶绿化率为 33%。

图 1-9-3　项目立体绿化效果

9.2.3 排风热回收

喜来登酒店客房采用风机盘管＋新风系统，采用全热交换器进行排风热回收。别墅区空调系统采用风机盘管，利用排气扇排风造成室内负压自然进新风。

9.2.4 自然通风

建筑群体组合合理，建筑间距综合考虑日照、通风等的因素。建筑之间形成气流通道，主导风顺畅到达各建筑物，利用建筑向阳面和背阴面形成风压差，有效地改善自然通风。

图 1-9-4 排风热回收设备

图 1-9-5 外门窗实际效果

9.2.5 中水系统

项目中水来源于市政中水，由一条 DN100 的中水给水管提供，为了便于检测市政中水的水质情况，在引入口处设取样口一个，安装中水的水质监测设备，以保证中水的水质安全使用。

图 1-9-6 中水利用

9.2.6 雨水系统

地块位于海边，土壤的渗透力比较强，因此结合屋面雨水的排放位置，一部分雨水就近作渗透处理。项目屋面雨水通过景观水池（喜来登酒店一层及豪华精选酒店一层）来收集，收集雨水的屋面总面积为 $1581m^2$，其余雨水，靠市政路（西北面）的部分直接排到市政雨水管网，靠海边（东南面）的另一部分直接排至大海。

9.2.7　喷灌系统

项目绿化用水采用自动喷灌系统及局部采用微灌、滴灌等。比较开阔的绿地采用自动喷灌系统，在酒店入口处等采用微灌；比较大的树木采用滴灌等。

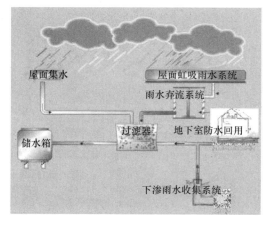

图 1-9-7　雨水回收利用系统图

图 1-9-8　自动喷灌系统图

9.2.8　节水器具

项目采用了多种节水器具，有陶瓷阀芯、停水自动关闭水嘴、两档式节水型坐便器、节水型淋浴喷头、延时自动关闭、停水自动关闭水嘴、感应式高效节水型小便器，蹲便器、下出水低水箱坐式大便器。节水率为 5%～10%。

图 1-9-9　节水器具

9.2.9　室内温控设计

建筑设备控制系统采用直接数字控制技术对楼层照明、客房、新风处理机、空气处理机、送风机进行监视及控制。建筑设备控制系统具备设备的手/自动状态监视、启停控制、运行状态显示、故障报警、温湿度监测和控制，实现相关的各种逻辑控制关系等功能。项目的酒店客房部分全部采用风机盘管＋新风系统，空调末端的可调节性满足了人员的舒适性要求。

9.2.10 CO_2 监控系统

喜来登酒店的全日餐厅采用组合式双风机新风换气空调机组，送风方式采用上送上回。进风干管上设置电动多叶调节阀，与室内人员密集区的 CO_2 探测器联动，从而控制进入室内的新风量及排风量，保持室内 CO_2 浓度1h均值不高于0.08％。

9.2.11 绿化与透水地面

项目采用乡土植物进行室外地面绿化，室外透水面积为136000m²，其中透水硬化7500m²，绿化128500m²，室外透水面积达到了79.5％。

图 1-9-10 室外透水地面及绿化

9.3 项目总结

9.3.1 项目推广价值

三亚长岛海棠湾喜来登度假酒店建成后为五星级高档酒店建筑群，其采用的绿色建筑节能技术及绿色建筑设计理念将对今后绿色建筑的推广、发展产生深远影响，为今后全国各地公共建筑绿色三星建筑的建设提供了可看、可学、可推广的示范。

项目为五星级高档酒店，它不仅提供了一流的住宿环境及服务质量，更展示了绿色技术集成的低能耗效果。项目结合自身条件运用了多种绿色技术，其中太阳能热水、水—水热泵空调机组及锅炉房联合供热水系统，雨水、中水利用系统、建筑布局有利自然通风带有很强的项目特点。项目有效利用水—水热泵空调机组的热回收、太阳能热水系统提供生活热水；项目位于海边，土壤渗透力强，除采用屋面雨水收集利用外，还将一部分雨水进行下渗处理或直接排入大海，有效利用了水资源；建筑间距综合考虑日照、通风等因素，建筑之间形成气流通道，主导风顺畅到达各建筑物，有效地改善自然通风。这些绿色技术的具体实施效果，都将对今后绿色建筑的建设提供很好的借鉴。因此项目有很好的绿色建筑推广价值。

9.3.2　综合效益分析

环境效益：项目位于海边，地块内进行了大量的绿化，设置了水景设施，通过种植乡土植物、铺设透水地面、有效利用雨水等途径良好地保持着项目场地环境。

经济效益：项目采用多种绿色技术，降低了空调系统能耗，节省了照明能耗，节约了水资源，确实降低了建筑的电耗、水耗，带来了可观的经济效益。

社会效益：项目建成后为人们提供了良好的住宿、旅游、度假环境，既满足了人们的舒适性需求，又有效降低了建筑能耗，达到了舒适性、经济性双赢的效果，提供了良好的社会效益。

增量成本统计　　　　　　　　　　　　　　　　表 1-9-2

序号	为实现绿色建筑而采取的关键技术/产品名称	单价	应用量	应用面积（m²）	增量成本（万元）
1	土壤氡含量检测	200 元/点	1926 点	192624.36	38.52
2	屋顶绿化和垂直绿化	200 元	2574	—	51.48
3	透水地面	40 元	—	7500	30
4	全新风运行或新风比可调	0.9 元	—	50921.41	4.58
5	新风热回收	2.0 元	—	50921.41	10.18
6	太阳能热水系统	—	1094.4m²	—	—
7	高效照明	5.5 元	—	50921.41	28.01
8	雨水收集利用	—	—	1581	约 50
9	中水利用	—	446.394m³	—	约 100
10	高效灌溉	1 元	—	128500.00	12.85
11	可调外遮阳	—	—	—	约 150
12	室内空气质量监测系统	15 元	—	50921.41	76.38
13	智能化控制系统	11 元	—	50921.41	56.01
合计					608.01
单位建筑面积增量成本					119.40 元/m²

10. 三亚国际康体养生中心三期

【三星级设计标识—公共建筑】

10.1 项目概况

三亚国际康体养生中心三期位于三亚大学城片区的落笔洞风景区，距三亚湾、亚龙湾、机场均约 15 分钟车程。项目主要为酒店附带少量商业及办公，用地面积 45359.00m²，总建筑面积 115382.23m²，其中地上 68442.23m²，地下 46940m²。项目共由 14 栋建筑组成，最高为 7 层。

图 1-10-1 项目设计效果图

项目投资总额为 14.28 亿元人民币，项目从 2008 年开发，2013 年竣工，并于 2013 年 1 月 30 日获得公建三星级绿色建筑设计标识。具体各项经济技术指标如表 1-10-1 所示。

项目经济技术指标情况 表 1-10-1

<table>
<tr><td colspan="9" align="center">三亚国际康体养生中心三期</td></tr>
<tr><td colspan="2" align="center">总用地面积</td><td align="center">45359.00m²</td><td align="center">总建筑面积</td><td align="center">115382.23m²</td><td align="center">计容面积</td><td colspan="3" align="center">67985.28m²</td></tr>
<tr><td rowspan="4" align="center">其中</td><td colspan="2" align="center">地上建筑面积</td><td colspan="6" align="center">68442.23m²</td></tr>
<tr><td rowspan="3" align="center">其中</td><td align="center">名称</td><td align="center">层数</td><td align="center">建筑高度</td><td align="center">总建筑面积</td><td align="center">计容面积</td><td align="center">太阳能补偿面积</td><td align="center">备注</td></tr>
<tr><td align="center">1 号</td><td align="center">6</td><td align="center">23.85m</td><td align="center">4510m²</td><td align="center">4472.50m²</td><td align="center">37.50m²</td><td>1～3 层位展厅及办公室，4～6 层位酒店客房（25 间）</td></tr>
</table>

续表

<table>
<tr><td colspan="9">三亚国际康体养生中心三期</td></tr>
<tr><td colspan="3">总用地面积</td><td colspan="2">45359.00m^2</td><td>总建筑面积</td><td>115382.23m^2</td><td>计容面积</td><td>67985.28m^2</td></tr>
<tr><td rowspan="11">其中</td><td colspan="2">地上建筑面积</td><td colspan="6">68442.23m^2</td></tr>
<tr><td rowspan="9">其中</td><td>名称</td><td>层数</td><td>建筑高度</td><td>总建筑面积</td><td>计容面积</td><td>太阳能补偿面积</td><td>备注</td></tr>
<tr><td>2 号</td><td>5</td><td>23.95m</td><td>7008.8m^2</td><td>6246.80m^2</td><td>192m^2</td><td>1 层位酒店大堂及服务配套，2～5 层位酒店客房（124 间）</td></tr>
<tr><td>3 号</td><td>6</td><td>23.95m</td><td>21897.13m^2</td><td>20870.63m^2</td><td>429m^2</td><td>1 层为酒店大堂及会议室、厨房等酒店服务配套，2～6 层位酒店客房（282 间）</td></tr>
<tr><td>4 号</td><td>6</td><td>23.30m</td><td>9057.64m^2</td><td>8487m^2</td><td>150m^2</td><td>1 层为美术馆、书吧、影院、邮电储蓄等服务配套，2～6 层为酒店客房（95 间）</td></tr>
<tr><td>5 号</td><td>7</td><td>23.95m</td><td>2607.23m^2</td><td>2555.79m^2</td><td>33.38m^2</td><td>1 层为商业，2～7 层位酒店客房</td></tr>
<tr><td>6A 号</td><td>6</td><td>21.85m</td><td>5936.90m^2</td><td>5455.80m^2</td><td>80m^2</td><td>1～2 层为商业，3～6 层为酒店客房</td></tr>
<tr><td>6B 号</td><td>6</td><td>20.75m</td><td>4811.29m^2</td><td>4494.12m^2</td><td>57m^2</td><td>1～2 层为商业，3～6 层为酒店客房</td></tr>
<tr><td>TH 号</td><td>1</td><td>9.25m</td><td>733.86m^2</td><td>403.63m^2</td><td>——</td><td>多功能剧场</td></tr>
<tr><td>KG 号</td><td>2</td><td>11m</td><td>2031.94m^2</td><td>1756.07m^2</td><td>——</td><td>儿童活动中心</td></tr>
<tr><td colspan="2">地下建筑面积</td><td>地下 1～2</td><td>——</td><td>46940m^2</td><td>3935m^2</td><td>——</td><td>停车/后勤服务及设备房，局部为商业用房</td></tr>
<tr><td colspan="3">容积率</td><td colspan="2">1.50</td><td>建筑密度</td><td>23.50%</td><td>客房总数</td><td>758 间</td></tr>
<tr><td colspan="3">建筑占地面积</td><td colspan="2">10659.37m^2</td><td>绿地率</td><td>42.5%</td><td>停车位</td><td>665 辆（地下）</td></tr>
</table>

10.2　项目绿色技术策略

10.2.1　可再生能源利用

项目可再生能源利用形式为集中式太阳能热水系统，平板型集热器设置于屋面上，总面积 1928m^2。当太阳能不足或不能满足最高峰用水时，通过温控阀启动空气源热泵机组辅助加热运行，为热水系统提供热源，以保证住户所必需的生活热水系统的稳定性及可靠性。经计算，太阳能热水系统产生的热水量占建筑热水消耗的 76.45%。

10.2.2　立体绿化

项目采用室外绿化、屋面绿化及垂直绿化相结合的综合绿化设计方案，其中 1 号楼屋顶处布置面积为 187.63m^2 的屋顶绿化，占屋顶可绿化面积的 43.94%。种植的植物有白玉黛粉叶、银皇粗勒草、龟背竹、槲蕨、番薯、辣椒、薄荷、柠檬香茅草等。

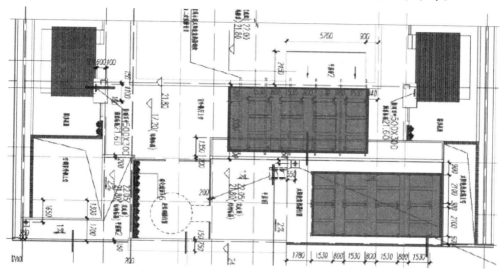

图 1-10-2　项目 1 号集热器布置示意图

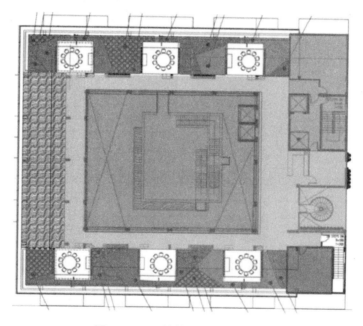

图 1-10-3　1 号楼屋顶绿化平面图

1 号楼 4 个外墙立面均布置有垂直绿化，面积约 754.65m² ，内墙布置两处绿化，总面积 80.3m² ，花盒不规则布置于花架墙上，每个花盒布置有喷灌口及底部排水口。通过日照模拟太阳辐射强度来选择适宜的植物，植物采用海南地区常用的观赏价值较高的地被植物，包括绿萝、箭羽竹芋、花叶麦冬、波士顿肾蕨、紫背万年青等。

10.2.3　排风热回收

项目 1 号楼采用多联式分体空调加全热回收的空调系统；2 号整栋、4 号、6A 号、6B

号二楼以上采用单元式分体空调加渗透新风系统；4号、5号、6A号、6B号首层采用多联式分体空调加全热回收的空调系统；3号楼餐厅、大会议室采用全空气系统，小会议室/客房等功能区采用风机盘管加全热回收的空调系统，3号楼酒店标准客房采用集中新风热回收系统处理；地下室销售办公、超市、培训室、餐厅、零售厅等均采用多联机分体空调加全热回收的空调系统。

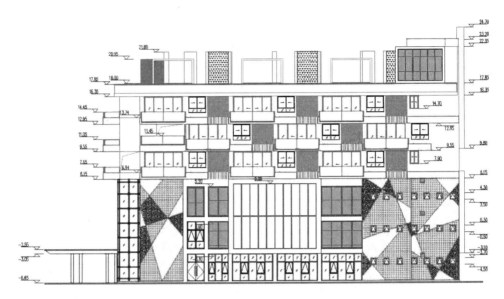

图 1-10-4 1号楼东向垂直绿化立面图

楼栋	空调系统	新风系统	热回收分布位置
1号	多联机系统	新风热回收系统	一二层办公、三层以上客房
3号	风机盘管水系统	新风热回收系统	会议室、前厅、客房
4号	多联机系统	新风热回收系统	一层商业区
5号	多联机系统	新风热回收系统	四栋一层茶室
6A号	多联机系统	新风热回收系统	一层餐厅
6B号	多联机系统	新风热回收系统	一层办公、保健
地下室	多联机系统	新风热回收系统	负一层展示厅、餐厅、培训室及办公室

图 1-10-5 项目采用新风热回收系统

项目全年热回收总节约电 235200kWh，电价按地方 0.826 元/kWh，其年回收效益达 19.4 万元人民币。

10.2.4 自然通风

项目1号楼通过中庭设计，形成烟囱效应，利于热空气向上流通以保证室内较好的自然通风。小区内高层建筑面向主导风向的外窗，采用密闭性良好的中空玻璃，以减少冬季冷风渗透的影响。面向夏季主导风向的外窗可以采用平开窗或推拉窗，以增加可开启面积，进行有效的自然通风。

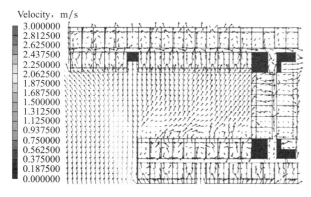
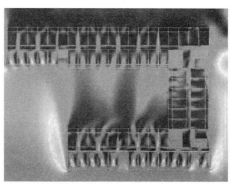

图 1-10-6　项目室内自然通风流场和风速图

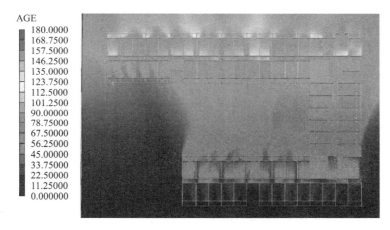

图 1-10-7　项目室内自然通风空气龄分布图

10.2.5　中水系统

项目设有污水处理站，采用接触氧化法工艺处理整个区域内的生活污水，日处理设计规模为 3000t，处理站污泥经稳定化、熟化后作花肥。项目再生水主要通过中水站处理及 2 块人工湿地处理保障水质达到地表 IV 类水。景观湖湖水通过景观湖循环水处理系统保障水质以期达到良好的生态效果，景观湖中分别种植浮水植物、挺水植物及沉水植物，可形成立体景观效果。

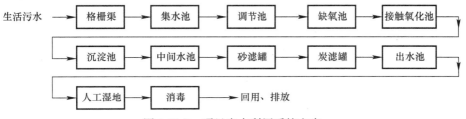

图 1-10-8　项目中水利用系统方案

10.2.6　雨水系统

项目绿地面积约 7.2 万 m²，自然水系约 3 万 m²，收集区内绿地、道路及屋面雨水用

77

于景观湖水系自身的补水，绿地、道路及屋面年收集雨水量 34238m³/a，年可节约用水成本 9.4 万元。

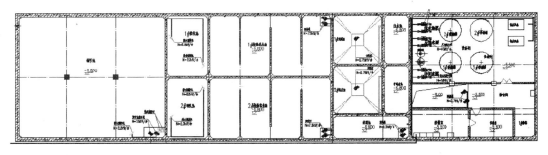

图 1-10-9 接触氧化法组合层下部设备布置平面图

10.2.7 节水措施

项目室内采用符合国家标准要求的节水器具，包括节水水嘴、节水花洒、节水坐便器、节水小便器等；设施完善的热水循环系统，用水点 10s 内出热水。

图 1-10-10 项目采用节水型器具

室外采用节水灌溉形式，湿地公园部分采用节水喷灌系统，屋顶花园设置滴灌系统。

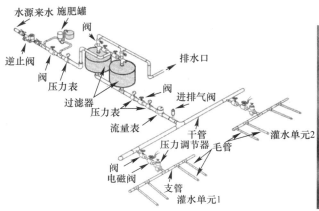

图 1-10-11 项目采用节水型喷灌系统

此外，项目按照使用用途和标准设置水表，对不同用途和使用单位设水表统计用水量和计费。同时非传统水源的出水点和补水点增设水表，便于统计非传统水源用量。

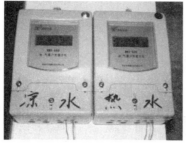

图 1-10-12　项目采用分项计量

10.2.8　可调外遮阳

项目遮阳系统分为自遮阳与可调节遮阳百叶两类，其中可调节遮阳百叶包含推拉式遮阳百叶和中空遮阳百叶。5 号楼通过建筑本身外形合理设计，屋顶层外延及阳台均可遮挡阳光照射，在建筑东南面与西南面均设有推拉式遮阳百叶，在中空玻璃中设

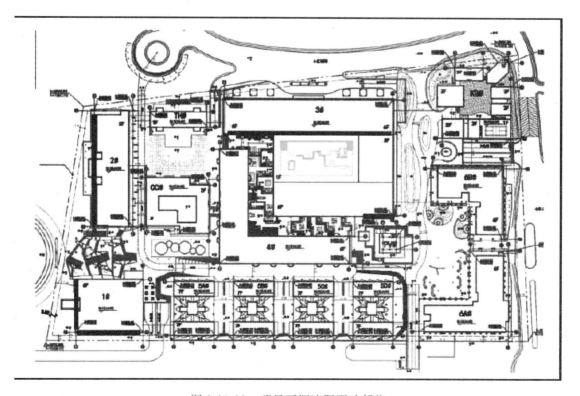

图 1-10-13　项目可调遮阳百叶部位

图 1-10-14　项目可调遮阳百叶

置遮阳百叶，可自由开启和闭合，百叶开启时可遮阳、保护隐私，关闭时对视线无干扰。

10.2.9　空气质量监控系统

在人均密度大于 0.25 人/m^2 的空间设置 CO_2 与新风系统联动控制系统，CO_2 检测器安装距离新风热回收回风口地面 1.2～1.5m 处。设置位置为办公前厅、餐厅、超市、培训室、茶室、展示厅。地下车库增加 CO 检测系统与通风系统联动，保证地下车库通风量。车库通风等采用直接数字控制（DDC）系统进行自控，可在空调控制中心显示并自动记录，打印出各系统的运行状态及 CO_2、CO 等参数，并进行联动控制。

10.3　项目总结

项目属于整个国际康体养生项目的第三期开发，并作为整个森林度假公园项目的公共配套区域，为整个项目提供满足生活、度假、休闲的各项服务设施，因此项目定位为森林度假公园的小镇核心区。作为三亚市首个地产开发项目的三星级绿色建筑，项目充分考虑三亚市作为热带海岛滨海度假城市的气候特点，结合项目的功能要求，尽可能采用较少能源消耗的设计手段提高项目的舒适性，节能率达到了 60.80%，建筑总能耗为 643284.57MJ/a，

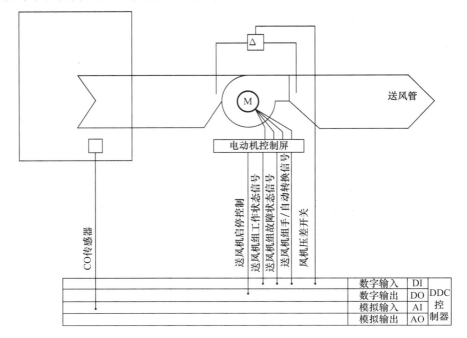

图 1-10-15　空气检测原理图

项目增量成本如表1-10-2所示，为整个项目品质的体现起到了代表性的作用，也为三亚地区地产开发项目未来的发展趋势和发展方向起到了表率作用。

增量成本统计 表 1-10-2

编号	为实现绿色建筑而采取的关键技术/产品名称	增量成本	单位建筑面积增量成本
1	土壤氡含量检测	35.6万元	3.4元/m²
2	新风系统（含热回收）	约200万元	约29.4元/m²
3	中央新风系统（含排风热回收）	约90万元	约13.2元/m²
4	空气质量监控系统	约34~68万元	5~10元/m²
5	中水利用（1号楼冲厕）	34万元	5元/m²
6	屋顶绿化浇灌	9.6万元	约1.4元/m²
7	可调外遮阳	约254万元	约37.4元/m²
8	建筑隔声	约68万元	0~10元/m²
	总计	706.6万元	107.3元/m²

11. 三亚御海棠豪华精选度假酒店

【三星级设计标识—公共建筑】

11.1 项目概况

三亚御海棠豪华精选度假酒店主体建筑建筑面积18541.48m²，建筑层数为地上主体2层，地下2层，地上建筑面积9152.97m²，地下建筑面积9388.51m²。豪华精选酒店别墅建筑面积3384.19m²，其中典型别墅8幢，每幢建筑面积299.51m²，总建筑面积2396.08m²；总统别墅2幢，ZT-1别墅485.31m²，ZT-2别墅502.8m²，别墅都为地上1层。

图 1-11-1 项目设计效果图

11.2 项目绿色技术策略

11.2.1 可再生能源利用

项目热水水源由水—水热泵空调机组、屋顶太阳能、蒸汽锅炉提供。太阳能热水系统及水—水热泵机组提供生活热水，不足热水量由锅炉来提供。整个地块最大用水量约为384.38m³/d，项目最大用水量约为120m³/d，水—水热泵空调机组及太阳能能产生每天380t热水。

11.2.2 垂直绿化

项目进行了垂直绿化，在豪华精选酒店客房一至二层的阳台都布置有花池，交替种植了龙吐珠炮仗花。

11.2.3 透水地面

项目采用乡土植物进行室外地面绿化，室外透水面积为 136000m²，其中透水硬化 7500m²，绿化 128500m²，室外透水面积达到 79.5%。

11.2.4 排风热回收

豪华精选酒店客房采用风机盘管＋新风系统，采用全热交换器进行排风热回收；别墅区空调系统采用风机盘管，利用排气扇排风造成室内负压自然进新风。

11.2.5 中水系统

项目的中水由一条 $DN100$ 的中水给水管提供，为了便于检测市政中水的水质情况，在引入口处设取样口一个，安装中水的水质监测设备，以保证中水的水质安全使用。

11.2.6 雨水系统

地块位于海边，土壤的渗透力比较强，结合屋面雨水的排放位置，一部分雨水就近作渗透处理。项目屋面雨水通过景观水池（喜来登酒店一层及豪华精选酒店一层）来收集，收集雨水的屋面总面积为 1581m²。

11.2.7 节水器具

项目采用了多种节水器具，有陶瓷阀芯、停水自动关闭水嘴、两档式节水型坐便器、节水型淋浴喷头、延时自动关闭、停水自动关闭水嘴、感应式高效节水型小便器，蹲便器、下出水低水箱坐式大便器。节水率为 5%～10%。

11.2.8 智能化控制系统

建筑设备控制系统采用直接数字控制技术对楼层照明、客房、新风处理机、空气处理机、送风机进行监视及控制。建筑设备控制系统具备设备的手/自动状态监视、启停控制、运行状态显示、故障报警、温湿度监测和控制，实现相关的各种逻辑控制关系等功能。

11.2.9 CO_2 监控系统

豪华精选酒店的全日餐厅采用组合式双风机新风换气空调机组，送风方式采用上送上回。进风干管上设置电动多叶调节阀，与室内人员密集区的 CO_2 探测器联动，从而控制进入室内的新风量及排风量，保持室内 CO_2 浓度 1h 均值不高于 0.08%。

11.3 项目总结

项目通过可再生能源利用、垂直绿化、排风热回收、雨水系统、节水器具等一系列节地、节材、节水、节能技术的利用，实现了项目的绿色、低碳建设目标。

此外，在项目实施过程中，由于各项节能技术应用而产生的增量成本如表 1-11-1 所示，项目为实现绿色建筑而采取的技术增量成本共 302.17 万元，平均 137.82 元/m²。

增量成本统计 表 1-11-1

序号	为实现绿色建筑而采取的关键技术/产品名称	单价	应用量	应用面积（m²）	增量成本（万元）	实际增量成本（万元）
1	土壤氡含量检测	200元/点	1926点	192624.36	38.52	—
2	屋顶绿化和垂直绿化	200元	2574	—	51.48	—
3	透水地面	40元	—	7500	30	—
4	全新风运行或新风比可调	0.9元	—	21925.67	1.97	1.97
5	新风热回收	2.0元	—	21925.67	4.39	4.39
6	太阳能热水系统	—	1094.4m²	—		
7	高效照明	5.5元	—	21925.67	12.06	12.06
8	雨水收集利用	—	—	1581	约50	—
9	中水利用	—	446.394m³	—	约100	—
10	高效灌溉	1元	—	128500.00	12.85	—
11	可调外遮阳	—	—	—	约150	约150
12	室内空气质量监测系统	50元	—	21925.67	109.63	109.63
13	智能化控制系统	11元	—	21925.67	24.12	24.12
合计					585.02	302.17
单位建筑面积增量成本					266.81元/m²	137.82元/m²

12. 海口市伊泰·天骄项目1-1号楼～1-5号楼

【二星级设计标识—居住建筑】

12.1 项目概况

伊泰·天骄项目位于海口市秀英区长流起步区，地理位置优越。项目场地距海口市中心车程约30分钟，距海口美兰机场约35km，距海口火车站约3.6km；东环铁路已于2010年底通车运行，在海口火车站及长流区均设有站点。

伊泰·天骄项目共分三期建设，分别为0601地块（一期）、0604地块（二期）和0602地块（三期）。一期0601地块中的5栋居住建筑按照国家绿色建筑二星级标准进行设计，一期地块面积共30254m²，容积率2.5，共包含建筑5栋居住建筑（1-1号楼～1-5号楼）、底层商业和1栋商业楼，总建筑面积11.9万m²，是海口市综合性高端大型居住社区（图1-12-1）。项目于2013年6月获得国家绿色建筑设计标识二星级认证。

图1-12-1 项目设计效果图

12.2 项目绿色技术策略

12.2.1 可再生能源利用

1-1号楼～1-5号楼的每栋建筑均为18F，除1F为商业网点和架空外，实际居住的层数为17F。1-1号楼～1-4号楼屋面可用于铺设太阳能集热器的面积较大。因此，分别在各栋建筑屋面铺设太阳能集热器92块、120块、51块和130块（每块太阳能集热器尺寸为1m×2m），为10F～18F的用户提供生活热水，占所有户数的比例为（9/17）52.94%。1-5号楼提供10F～18F所有热水需求共需太阳能集热器74块，由于屋面面积有限，只可铺设太阳能集热器60块，提供12F～18F各户的生活热水，10F及11F的生活热水由三台

KFXRS-18Ⅱ型空气源热泵机组补充提供。因此，10F～18F 依然使用可再生能源提供生活热水，占所有户数的比例为（9/17）52.94％，可认定为可再生能源的使用量占建筑总能耗的比例大于 10％。

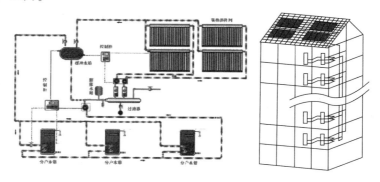

图 1-12-2　太阳能热水系统图

12.2.2　绿化景观和透水地面

项目场地内绿地面积为 12161.7m²，绿地率为 40.2％，其中公共绿地面积 11586.66m²，人均公共绿地面积 5.01m²。此外，社区内共铺设透水地面（以镂空面积＞40％的赭红色/浅灰色透水砖为主）的面积为 692.27m²，有利于雨水的入渗，室外场地综合径流系数为 0.57。

图 1-12-3　复层绿化图　　　　　　　　图 1-12-4　植草砖透水地面

项目场地绿化选用适宜海南省当地气候和土壤条件的乡土植物，并采用乔木、灌木、地被植物相结合的形式，有效形成复层立体绿化体系，创造区域微生态环境，主要使用的乡土植物包括乔木：香樟、马来相思、鸡蛋花、杧果、凤凰木、桃心花木、杜英、南洋杉、石榴、黄槐、旅人蕉、桂花、椰子、三角椰子；灌木：小叶紫薇、盆架子、槟榔、苏铁、矮蒲葵、青皮竹、海桐球、金叶女贞球；地被植物：八角金盘、龙船花、散尾葵、春羽、含笑、金丝桃、金边六月雪、朱蕉、勒杜鹃、红花继木、鹅掌柴、黄金叶、花叶良姜、满天星、花叶假连翘、大花栀子、蜘蛛兰、肾蕨、洋金凤、马蹄莲、冬青、沿阶草、一叶兰、海芋。

由于小区内设置了较大面积的绿化及景观水系，且区域自然通风气流通畅，小区内产生的热量能够及时被带走，在室外干球温度取夏季空调室外计算温度 34.3℃时，小区内的平均温度为 34.68℃，小区平均热岛强度为 0.38℃（小于 1.5℃），满足《绿色建筑评价标准》GB/T 50378 对区域平均热岛强度的要求。

12.2.3　节能照明

在公共场所照明选用高效光源和高效节能灯具，采用合理的灯具安装方式及照明节能控制方式。项目照明设计在满足显色性能要求的基础上，采用高效光源、节能灯和节能控制措施，选用无眩光的高效灯具。公共区域（电梯间、走道、地下室车库等）采用 T8 灯管并配电子镇流器；充分利用天然光、合理的照明控制方式，加强照明设备的运行管理。楼梯间、走道的照明设节能自熄开关。室内居住区域及公共区域（电梯厅、楼道、地下室等）的照明功率密度满足《建筑照明设计标准》GB 50034 中规定的现行值要求。

图 1-12-5　公共区域节能灯具及控制方式

12.2.4　绿化灌溉

项目采用处理达标后的中水进行室外绿化灌溉，选用微喷灌和喷灌结合的节水型灌溉方式，MPM1000 喷头工作压力 2.25Bar，射程 $R=3.5\sim4.0$m、流量 $0.145\sim0.165$m^3/h；MPM2000 喷头工作压力 2.75Bar，射程 $R=5.5\sim6.2$m、流量 $0.317\sim0.348$m^3/h。

图 1-12-6　节水型绿化灌溉

12.2.5　中水系统

项目污水主要来源于日常生活排放的洗浴废水和洗衣废水，从原水水质分析属于优质杂排水。污水的可生化性 BOD_5 与 COD_{Cr} 的比值大于 0.3，因此，中水处理工艺以好氧生物处理为主。

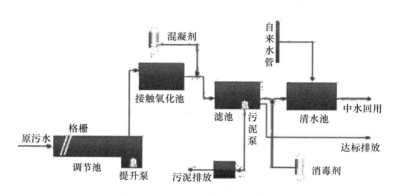

图 1-12-7　中水回收利用系统图

项目中水处理工艺流程：废水首先流入格栅井，截留废水中的废渣和漂浮物；随后进入调节池均衡水质水量，再用泵均匀地提升进入水解池进行水解酸化，水解池出水先后进入一级氧化池和二级氧化池，最后经沉淀、过滤、加药后达到中水回用标准，用于绿地浇洒、道路喷洒、景观用水。沉淀池中剩余的污泥则经污泥提升器抽至污泥池，进行硝化及浓缩处理。由于最终产生污泥量少，因此无需独立设置污泥处置设施，只需每年人工清运一次即可。此外，水景水池给水采用镀锌钢管侧壁给水，穿池壁采用刚性防水套管，防止渗漏；所有景观水池均为非戏水水池，施工过程中水池旁需标示"水景池内禁止玩耍戏水"。

经处理达标后的中水用于室外绿化浇洒、场地冲洗及景观水系，非传统水源利用量占项目全年总用水量的 3.12%。

12.2.6　土建装修一体化

为最大程度上节约材料资源，避免装修过程中的浪费，项目全部实行精装修设计。精装修设计的范围包括建筑公共部分（如电梯厅、楼道、大堂等）及室内各户型。选用装修材料包括竹木材（木复合木地板、竹木饰面等）、瓷砖（防滑地砖）、石材（米黄洞石）、涂料（乳胶漆）、各类玻璃、吊顶材料及灯具等。围护结构节点水蒸气分压均小于饱和蒸汽分压，围护结构不存在内部冷凝。

12.2.7　节水器具

项目全部选用节水型器具，如节水型坐便器、台式洗脸盆、节水淋浴器、洗涤盆、洗衣机水龙头等，各类节水器具共 4471 套，符合《节水型生活用水器具》的相关要求，卫生器具和配件采用节水型产品。

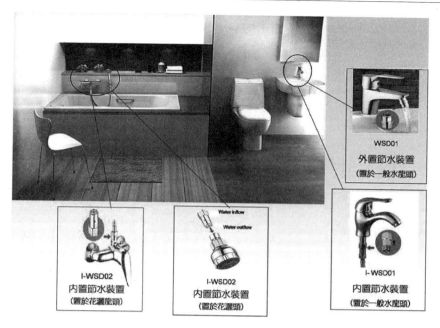

图 1-12-8　节水器具

12.3　项目总结

　　项目在规划设计与技术利用中充分考虑住宅建筑的使用特点，充分利用太阳能等可再生能源，优化建筑布局及美化区域环境，改善区域热岛效应，并通过绿化灌溉、节水器具、中水系统等一系列节水措施来减少水资源消耗，从绿色建筑"四节一环保"的各个角度落实绿色理念。此外，各项绿色技术实施所增加的增量成本共 120.29 万元，平均 10.11元/m²，增量成本统计见表 1-12-1 所示。

增量成本统计　　　　　　　　　　　　　　　　　　　　表 1-12-1

实现绿建采取的措施	单价	应用量	应用面积（m²）	增量成本	实际增量成本
土壤氡浓度检测	200 元/点	60 测点	30254	1.20 万	1.20 万
室外透水地面	45 元/m²	700m²	700	3.15 万	3.15 万
中水系统设计	—	4375.94m³	30254	38.40 万	约 100 万
太阳能热水系统	2000 元/m²	453 块	906	181.20 万	—
公共区域节能灯源设计	40 元/盏	1250 盏	公共区域	5.00 万	5.00 万
不可预见增量	以上总增量成本的 10%			22.89 万	10.94 万
总增量成本	—			251.84 万	120.29 万
单位建筑面积增量成本	总建筑面积 11.9 万 m²			21.13 元/m²	10.11 元/m²

第二部分　太阳能应用篇
PART Ⅱ　SOLAR APPLICATION

1. 三亚国际康体养生中心二期 A 标段项目

2. 三亚国际友好中医疗养院项目

3. 三亚红沙海岸（半岛蓝湾）项目

4. 三亚和泓假日阳光项目三四期项目

5. 三亚中兴配套住宅建设项目一期工程

6. 红树山谷二期（E－05 地块部分）项目

7. 三亚京海成下洋田住宅小区

8. 海南圣巴厘康复中心项目

9. 亚龙湾旅游文化综合体一期（AC－1 地块）项目

10. 三亚·半山半岛 A34 地块项目

11. 国家安全部海南三亚 124 项目

12. 三亚四季龙湾酒店

13. 三亚万科·湖心岛一期酒店项目

14. 三亚国际康体养生中心项目三期

15. 三亚湾红树林度假会展酒店

1. 三亚国际康体养生中心二期 A 标段项目

建筑类型：居住建筑（多层公寓、联排别墅）
系统类型：多层公寓：集中式供热水系统
　　　　　联排别墅：分散式供热水系统
运行方式：多层公寓：直接式、强制循环带空气源热泵辅助能源
　　　　　联排别墅：间接式、强制循环带电辅助能源

1.1　项目概况

三亚国际康体养生中心（图 2-1-1）位于三亚市三亚学院西侧，沿河路以东，学院路以北，毗邻海南环岛高速。国际康体养生中心项目占地 43685m²，其中三亚国际康体养生中心二期 A 标段项目包括 1 号、2 号两栋高 9 层公寓楼，C1 号～C3 号三栋高 4 层别墅，总建筑面积 19447m²，太阳能热水系统建筑应用示范面积 18189.15m²。该项目住宅总户数 251 户，其中公寓户数 224 户，别墅户数 27 户，具体经济技术指标表 2-1-1 所示。

图 2-1-1　三亚国际康体养生中心示意图

项目经济技术指标　　　　　　　　　　　　　　　　　　　　　　表 2-1-1

	楼号	居住户数	居住人数		建筑面积（m²）	示范面积（m²）	集热器面积（m²）
		合计	每户	合计			
公寓	1 号	112	2.5	280	7810	7286.5	204.6
	2 号	112	2.5	280	8220	7538.45	204.6
别墅	C1 号～C3 号	27	2.5	68	3417	3364.2	55.8
总计		251		628	19447	18189.15	465

公寓楼1号、2号两栋为集中集热、集中储热太阳能热水系统，共安装了2套系统，运行方式为直接式、强制循环带空气源热泵辅助能源的太阳能热水系统，系统采用横双排全玻璃真空管型太阳能集热器为集热元件，每套系统集热器面积为204.6m²，集热器安装在屋顶屋面上（图2-1-2），集热器安装倾角为18°，配有2个9m³的贮热水箱。系统采用空气源热泵作为辅助热源，日照不足及阴雨天气时，保证生活热水供应。

3栋4层别墅C1号～C3号采用分散式太阳能热水系统，共安装了9套系统，运行方式为间接式、温差强制循环带电辅助能源的太阳能热水系统，系统采用平板型太阳能集热器为集热元件。每栋别墅分三个单元，每单元安装一套太阳能热水系统，集热器面积为12m²，集热器安装在屋顶屋面上（图2-1-3），集热器安装倾角为20°，每套系统配置一个500L贮热水箱，水箱内配置一个2.5kW的电加热棒，日照不足及阴雨天气时，保证生活热水供应。

图2-1-2　公寓楼屋顶太阳能热水集热器布置图

图2-1-3　别墅屋顶集热器布置图

1.2　技术方案

1.2.1　设计要求

1. 用水量设计方面。考虑到本地区气候和住户使用的特点，公寓部分最高日用水定额取《建筑给水排水设计规范》GB 50015—2010中的中间值60L/人·d，按照要求1号、2号楼为2.5人/户。联排别墅部分取80L/人·d，按照要求C1号～C3号楼为2.5人/户。热水温度60℃，据此，项目日热水（60℃）用量为：1号、2号楼均为112户，设计热水用量均为16.8m³，实际均配置9m³集热水箱和供热水箱各一个；C1号～C3号楼共计27户，设计热水用量为5.4m³，每栋三个单元，实际为每单元配置500L承压储热水箱。

2. 淋浴器和洗脸盆混合水嘴的最低工作压力设计为0.05～0.10MPa。

3. 系统的最高水温控制为60℃，对系统用水不作水质处理。

4. 由于使用对象对供水温度的波动不甚敏感，除了设计供水水温自动控制外，不设其他自控系统。

5. 集热器的使用寿命15年左右，集热器、构件和管道等外露设备安装时应保持与建筑统一和谐，同时不得影响建筑结构的承载、防护、保温、防水、排水等功能，并为设备管道检修和构件更换提供足够空间。

1.2.2 公寓建筑太阳能热水系统

1. 主要设备情况

公寓建筑太阳能热水系统主要设备参数表　　　　　　　　表 2-1-2

序号	设备名称	规格型号	数量	备注
1	集热器	横双排全玻璃真空管集热器，规格为 ϕ58mm× 1800mm×50 支	26 组	
2	贮热水箱（集热水箱和供热水箱）	容水量 9m³，2000mm×3000mm×1500mm	2 个	共 18m³
3	空气源热泵	型号：DE-92W/D，制热量≥38kW/h	2 台	
4	集热循环泵	PH-403E，流量：9m³/h，扬程 15m	1 台	
5	供热循环泵	MHI-803 流量：8m³/h，扬程 30m	1 台	变频控制
6	热泵循环泵	PUN-600E 流量：3m³/h，扬程 16m	2 台	
7	水箱循环泵	PH-251E 流量：10m³/h，扬程 4m	1 台	

2. 系统设计

遵循节水节能、经济实用、安全可靠、维护简便、美观协调、便于维护的原则，根据使用特点、用水点分布情况，选定太阳能热水供应系统形式如下：

（1）公寓建筑为集中式供热水系统，采用直接式加热方式，热水供应范围限定为各单栋建筑，系统原理图如图 2-1-4 所示。

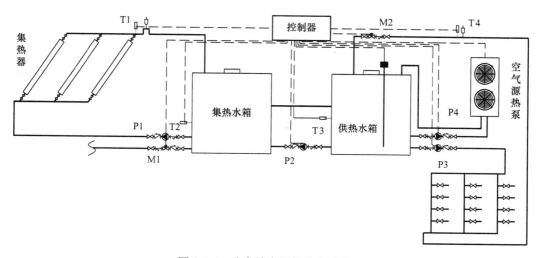

图 2-1-4　公寓楼太阳能热水系统图

（2）采用双水箱系统，集热水箱与供热水箱单独设置；集热系统采用强制循环系统（图 2-1-5）。

（3）公寓建筑太阳能热水系统设置自动或手动启动空气源热泵辅助热源（图 2-1-6）。

图 2-1-5　双水箱设置图

图 2-1-6　空气源热泵辅助热源

3. 系统运行原理

公寓建筑太阳能热水系统采用温差循环方式运行。

（1）集热循环：当集热器出口水温 T1 与集热水箱水温 T2 相差 8℃（温差可调）时，控制器发出控制信号，启动循环泵 P1，系统开始循环，不断地将集热器产生的热量置换到集热水箱的水中；当 T1 与 T2 两点温度相差 3℃（温差可调）时，控制器发出控制信号，关闭循环水泵 P1。反复循环将贮集热水箱内水温度不断提高，达到用户所需的生活热水温度。

（2）水箱循环：集热水箱与供热水箱之间的热量交换也采用温差控制，当集热水箱水温 T2 与供热水箱 T3 相差 6℃（温差可调）时，水箱循环泵 P2 启动，当 T2 与 T3 相差 3℃（温差可调）时，水箱循环泵 P2 关闭。

（3）辅助加热：当供热水箱温度 T3 小于设定温度时，循环泵 P4 启动，辅助热源启动；当供热水箱温度大于设定温度 5℃时，循环泵 P4 关闭，辅助热源关闭。

（4）生活供水：当回水管道温度 T4 小于设定温度 3℃时，回水电磁阀 M2 启动，给水循环泵 P3 启动；当管道温度 T4 大于设定温度时，回水电磁阀 M2 关闭，给水循环泵 P3 关闭。

1.2.3　别墅建筑太阳能热水系统

1. 主要设备情况

别墅建筑热水系统主要设备参数表　　　　　　　　　　　　　　　表 2-1-3

序号	设备名称	规格型号	数量
1	集热器	平板型太阳能集热器，规格为：2000mm×1000mm×80mm	6 组
2	贮热水箱	承压水箱 500L，2000mm×3000mm×1500mm	1 个
3	集热循环泵	流量：150L/h，扬程：6m	1 台
4	回水循环泵	流量：150L/h，扬程：6m	1 台
5	膨胀罐	36L	1 个

2. 系统设计

根据用水特点，用水点分布情况，选定太阳能热水供应系统形式如下：

（1）别墅太阳能热水系统为分散式供热水系统，采用间接式加热形式（图 2-1-7）。

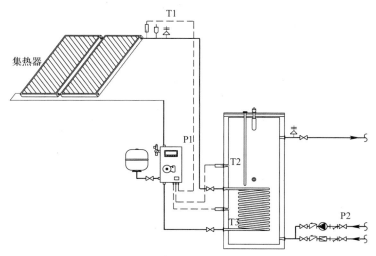

图 2-1-7　别墅太阳能热水系统图

（2）系统采用分离式形式，集热器与贮热水箱分开设置；贮热水箱为承压水箱（图 2-1-8），集热系统采用强制循环系统；

（3）别墅太阳能热水系统采用电辅助加热形式。

3. 系统控制原理

别墅建筑太阳能热水系统采用温差循环方式运行。

（1）集热循环：当集热器出口水温 T1 与水箱水温 T2 相差 8℃（温差可调）时，启动循环泵 P1，系统开始循环，不断地将集热器产生的热量置换到贮热水箱的水中；当 T1 与 T2 两点温度相差 3℃（温差可调）时，关闭循环水泵 P1。反复循环将贮热水箱内水温度不断提高，达到用户所需的生活热水温度。

（2）辅助加热：当水箱温度 T3 小于 45℃（温度可调）时，电加热启动，开始加热水箱内水；当 T3 大于 55 度℃（温度可调），电加热装置停止加热。

（3）供水循环：P2 循环泵工作时间控制采用定时启动，在工作时间内，每运行 3 分钟，停止 15 分钟，可在一天内设置三个时间段。

（4）过热保护：当水箱温度 T2、T3 大于 70℃（温度可调）时，集热循环泵 P1 关闭。

图 2-1-8　承压贮热水箱

1.3　性能评估

1.3.1　太阳能保证率

全年太阳能保证率计算如表 2-1-4。

全年太阳能保证率

表 2-1-4

序号	检验项目	当日太阳累计辐照量（MJ/m²）			
		$J<8$	$8{\leqslant}J<13$	$13{\leqslant}J<18$	$J{\geqslant}18$
1	天数（X_1、X_2、X_3、X_4）	98	57	65	145
2	公寓当日实测太阳能保证率（f_1、f_2、f_3、f_4）	20%	40%	58%	78%
3	别墅当日实测太阳能保证率（f_1、f_2、f_3、f_4）	31%	62%	100%	100%
4	全年太阳能保证率 $f_{全年}$	公寓 53%、别墅 76%			
备注	当日太阳累计辐照量指集热器表面太阳总辐射表的检测数据，检测时间以达到要求的太阳累计辐照量为止。公寓实测四天的当日太阳累计辐照量分别为 $J_1=6.83\text{MJ/m}^2$，$J_2=11.66\text{MJ/m}^2$，$J_3=16.41\text{MJ/m}^2$，$J_4=20.11\text{MJ/m}^2$；别墅实测四天的当日太阳累计辐照量分别为 $J_1=6.81\text{MJ/m}^2$，$J_2=11.64\text{MJ/m}^2$，$J_3=16.41\text{MJ/m}^2$，$J_4=20.09\text{MJ/m}^2$				

1.3.2　常规能源替代量

常规能源替代量

表 2-1-5

序号	检验项目	当日太阳累计辐照量（MJ/m²）			
		$J<8$	$8{\leqslant}J<13$	$13{\leqslant}J<18$	$J{\geqslant}18$
1	天数（X_1、X_2、X_3、X_4）	98	57	65	145
2	公寓当日实测集热系统得热量（Q_1、Q_2、Q_3、Q_4）MJ	423.1	850.5	1248.0	1684.8
3	别墅当日实测集热系统得热量（Q_1、Q_2、Q_3、Q_4）MJ	24.2	48.4	80.6	109.8
4	项目整体集热系统计算得热量（Q_1、Q_2、Q_3、Q_4）	1151.89	2291.97	4288.42	4652.6
5	全年常规能源替代量 A（吨标准煤）	106.7			
备注	当日太阳累计辐照量指集热器表面太阳总辐射表的检测数据，检测时间以达到要求的太阳累计辐照量为止。公寓实测四天的当日太阳累计辐照量分别为 $J_1=6.83\text{MJ/m}^2$，$J_2=11.66\text{MJ/m}^2$，$J_3=16.41\text{MJ/m}^2$，$J_4=20.11\text{MJ/m}^2$；别墅实测四天的当日太阳累计辐照量分别为 $J_1=6.81\text{MJ/m}^2$，$J_2=11.64\text{MJ/m}^2$，$J_3=16.41\text{MJ/m}^2$，$J_4=20.09\text{MJ/m}^2$				

1.3.3　效益分析

1. 环境效益

根据项目全年常规能源替代量的计算结果，项目的全年常规能源替代量为 106.7t 标准煤。项目二氧化碳减排量、二氧化硫减排量、烟尘减排量统计如表 2-1-6 所示。

项目环境效益统计表

表 2-1-6

参数	标准煤节约量（t/a）	CO_2 减排量（t/a）	SO_2 减排量（t/a）	烟尘减排量（t/a）
数值	106.7	263.5	2.13	1.07

2. 经济效益

项目太阳能热水系统增投资汇总表

表 2-1-7

序号	楼号	数量	金额（万元）
1	1 号	1 栋	26.68
2	2 号	1 栋	28.64

续表

序号	楼号	数量	金额（万元）
3	C1～C3 号	3 栋	23.55
4	合计		78.87

根据太阳能光热系统全年常规能源替代量的计算结果，该太阳能光热系统全年常规能源替代量为 106.7t 标准煤，目前三亚市电价为 0.6 元/kWh，每年可节约的费用为 199439 元，项目的投资回收期约为 4.0 年。

1.4 项目总结

公寓楼、别墅建筑使用的太阳能热水系统，系统为分栋/分户设置，分户计量，充分利用屋面安装布置集热器，最大限度地利用了太阳能的优势。公寓楼太阳能热水系统采用的空气源热泵 COP 为 4.43，节能效果显著。经测试公寓楼全年太阳能保证率为 53%，别墅为 76%，系统能够保障居民生活热水需求，全年常规能源替代量为 106.7t 标准煤，CO_2 减排量为 263.5t/a，SO_2 减排量为 2.13t/a，烟尘减排量为 1.07t/a，项目具有很好的经济效益和社会效益。

2. 三亚国际友好中医疗养院项目

建筑类型：公建建筑
系统类型：集中式供热水系统
运行方式：直接式、强制循环带空气源热泵辅助能源

2.1 项目概况

　　三亚国际友好中医疗养院位于三亚市凤凰路。项目地上 13 层、地下 1 层，安装了 1 套太阳能热水系统为项目供生活热水。项目总建筑面积 23125.74m²，太阳能热水系统应用示范面积 13266.70m²。

　　三亚国际友好中医疗养院太阳能热水系统类型为集中集热、集中储热太阳能热水系统，运行方式为直接式、强制循环带空气源热泵辅助能源的太阳能热水系统，系统采用平板型太阳能集热器，集热器规格为 2000mm×1000mm×80mm。项目安装了 1 套太阳能热水系统，共计安装了 180 组集热器，集热器总面积 360m²，集热器安装在屋顶上，集热器安装倾角为 15°。系统的辅助热源采用制热量为 35kW 的空气源热泵，日照不足及阴雨天气时，保证热水供应。

图 2-2-1　三亚国际友好中医疗养院外景图　　　图 2-2-2　屋顶太阳能热水集热器布置

2.2 技术方案

2.2.1 主要设备情况

中医养疗院太阳能热水系统主要设备参数表　　表 2-2-1

序号	采购品目名称	参考规格型号和配置技术参数	数量	单位
1	平板太阳能集热器	PGT-2.0，铜铝复合板芯，低铁高透光钢化布纹玻璃面板，太阳吸收比大于 0.89，铝合金边框，尺寸规格：2000mm×1000mm×80mm，每组面积 2m²	360	m²

序号	采购品目名称	参考规格型号和配置技术参数	数量	单位
2	方型储热水箱	不锈钢 SUS304 钢板制作，总容量 40t，50mm 厚聚氨酯发泡保温，方形水箱	40	t
3	空气源热泵	制热量 38.5kW，输入功率 12.2kW 每台	4	台
4	电控柜	全自动集热循环、上水、辅助加热、强弱电分离	1	套
5	基础预埋件	8mm 厚钢板配合 8mm 钢筋焊接制作	128	件
6	集热器支架	热镀锌角钢	200	条
7	钢梁	8 号槽钢	60	条
8	太阳能循环管道	钢塑管，30mm 橡塑棉保温，0.3mm 铝皮外包	240	m
9	供水管道	R100PPR 管，30mm 橡塑棉保温，0.3mm 铝皮外包	80	m
10	阀门管件		1	宗
11	太阳能循环泵	PH-403EH，$Q=7T/h$；$H=19m$	2	台
12	热水回水泵	PH-123E，$Q=8.0T/h$；$H=5m$	4	台
13	热泵循环泵	PH-254EH，$Q=6.0T/h$；$H=15m$	2	台
14	电线、信号线		1	批

2.2.2 系统工作原理

系统采用平板型太阳能集热器，平板型太阳能集热器吸热体吸收太阳辐射能量转换成热能加热集热器内的水，当太阳能集热器出口水温与贮热水箱水温相差大于10℃时（温差可调），系统自动开启集热循环泵；当平板型太阳能集热器出口水温与贮热水箱相差2℃时（温差可调），系统自动停止集热循环泵，反复循环，使贮热水箱水温不断升高。当贮热水箱热量不足或日照不足及阴雨天气时，启动空气源热泵，保证热水供应。

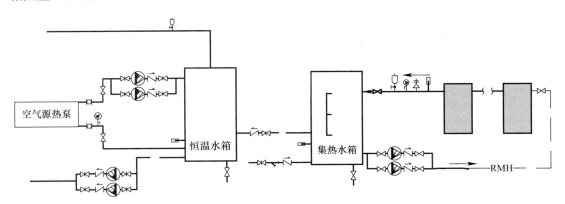

图 2-2-3 太阳能光热系统原理图

2.2.3 系统安全控制

1. 补水、供水系统控制

热水箱水位和水温控制，当水位低于500mm时，打开电动阀进水；当水箱水位高于1500mm时，关闭进水管电动阀。储热水箱出水管设电动阀D2，电动阀D2由储热水箱温度控制，高于50℃打开出水管电磁阀向热水系统供水，当储热水箱水温低于45℃时，关闭出水管电动阀 D2，停止供水；同时，当水箱水位低于 300mm 时，关闭出水电动阀 D2。为保证储热水箱水温，进水电动阀 D1 和出水电动阀 D2 连锁，即进水电动阀 D1 打开时，同时关闭出水电动阀 D2，而当出水电动阀 D2 打开时，关闭进水电动阀 D1。冷水补水控制采用电动阀和液位浮球阀双重控制，即使水位传感器失灵，电磁阀损坏也不会出现大量跑水现象。

2．防风控制

集热器支架镀锌角钢、槽钢整体焊接，集热器整体支架与楼面预留的地墩焊接固定，可有效地保证集热器的稳固性。系统产品安装时采用优化的结构和构件，系统达到国标的设备抗风规定。

3．防雷控制

根据国家屋面设备防雷标准，如果设备处于楼面最高位，需要竖立避雷针，保证避雷针的避雷区覆盖所有设备。如果设备并非处于楼面最高位，只需要将设备与楼面避雷网连接便可。太阳能热水系统的避雷装置和楼房建筑整体的避雷设施成为一体，保证设备安全运行。

4．漏电控制

对于项目太阳能热水系统用电的设备，采用漏电保护开关和双重接地保护，确保用电安全。

5．地下室太阳能循环泵控制

地下室太阳能循环水泵采用温差循环加热，系统通过检测集热器与储水箱的温度差来实现加热运行。当集热器的温度与储水箱中水温形成一定温差时（温差值可设定，设定范围 0～15℃），循环泵开启，将水箱中的水送至太阳能集热器不断加热。在循环加热过程中，水不断升温，集热器的温度不断下降，当集热器上的温度和水箱中的水温差小于等于设定温度时（设定范围为 2～10℃），循环泵关闭停止循环加热，直到温差再次达到一定温度时，继续循环加热。这样的加热方式保证只要集热器吸收到热量就很快地传递到水箱中，能够提高系统的启动速度，更快地提供达到使用要求的热水。

2.3 性能评估

2.3.1 太阳能保证率

全年太阳能保证率

表 2-2-2

序号	检验项目	当日太阳累计辐照量（MJ/m²）			
		$J<8$	$8{\leqslant}J<13$	$13{\leqslant}J<18$	$J{\geqslant}18$
1	天数（X_1、X_2、X_3、X_4）	98	57	65	145
2	当日实测太阳能保证率（f_1、f_2、f_3、f_4）	18%	33%	57%	78%
3	全年太阳能保证率 $f_{全年}$	51%			
备注	当日太阳累计辐照量指集热器表面太阳总辐射表的检测数据，检测时间以达到要求的太阳累计辐照量为止。实测四天的当日太阳累计辐照量分别为 $J_1=7.83MJ/m^2$，$J_2=12.92MJ/m^2$，$J_3=17.48MJ/m^2$，$J_4=22.91MJ/m^2$				

2.3.2 常规能源代替量

常规能源代替量

表 2-2-3

序号	检验项目	当日太阳累计辐照量（MJ/m²）			
		$J<8$	$8 \leqslant J<13$	$13 \leqslant J<18$	$J \geqslant 18$
1	天数（X_1、X_2、X_3、X_4）	98	57	65	145
2	项目整体集热系统计算得热量 （Q1、Q2、Q3、Q4）MJ	888.5	1634.3	2821.2	3862.3
3	全年常规能源替代量 A（吨标准煤）	82.4			
备注	当日太阳累计辐照量指集热器表面太阳总辐射表的检测数据，检测时间以达到要求的太阳累计辐照量为止。实测四天的当日太阳累计辐照量分别为 $J_1 = 7.83MJ/m^2$，$J_2 = 12.92MJ/m^2$，$J_3 = 17.48MJ/m^2$，$J_4 = 22.91MJ/m^2$				

2.3.3 效益分析

1. 环境效益

根据项目全年常规能源替代量的计算结果，项目的全年常规能源替代量为 82.4t 标准煤。项目二氧化碳减排量、二氧化硫减排量、烟尘减排量统计如表 2-2-4 所示。

项目环境效益统计表

表 2-2-4

参数	标煤节约量（t/a）	CO_2 减排量（t/a）	SO_2 减排量（t/a）	烟尘减排量（t/a）
数值	82.4	203.5	1.65	0.82

2. 经济效益

根据太阳能光热系统全年常规源替代量的计算结果，为 82.4t 标准煤，则每年该项目节约的费用为 82400 元，目前三亚市电价为 0.6 元/kWh，则每年该项目节约的费用为 147143 元。

2.4 项目总结

三亚国际友好中医疗养院项目使用太阳能热水系统，充分利用屋面安装布置集热器，最大限度地利用了太阳能的优势。经测试，项目全年太阳能保证率为 51%，系统能够保障居民生活热水需求，全年常规能源替代量为 82.4t 标准煤，CO_2 减排量为 203.5t/a，SO_2 减排量为 1.65t/a，烟尘减排量为 0.82t/a，该示范项目每年节约费用若用标准煤核算，每年节约的费用为 82400 元；该项目若用当年电价核算，每年节约的费用为 147143 元，具有很好的经济效益和社会效益。

3. 三亚红沙海岸（半岛蓝湾）项目

建筑类型：居住建筑
系统类型：集中式供热水系统
运行方式：直接式、强制循环带电辅助能源

3.1 项目概况

三亚红沙海岸（半岛蓝湾）项目位于大东海区域，奥林匹克射击广场对面。北靠凤凰岭，南临榆林内海湾，隔湾相望六道岭、孟果岭，三面环山坐拥于榆林内海湾。距大东海中心广场4km、亚龙湾12km，与三亚市机场、旅游区共同构成大会议旅游度假圈。项目用地面积158305.7m²，总建筑面积336377m²，其中地下室面积37665.4m²，架空层25230.9m²，太阳能热水系统应用示范面积213900m²，项目共计30栋楼。

图 2-3-1 项目透视图　　　　　　　　图 2-3-2 项目主入口透视图

项目分一地块、二地块、三地块及四地块，共计30栋楼，其中一、二地块（A、D区）系统选用皇明单排全玻璃真空管型太阳能集热器，三、四地块（B、C区）系统选用清华阳光单排全玻璃真空管型太阳能集热器，共计安装了120套太阳能热水系统。每个地块的每个单元都配置一套4t水箱的太阳能热水系统，太阳能集热器放置屋顶，太阳能保温水箱放置设备间，每个保温水箱配置电加热棒作为辅助热源。每单元满足每日产热水3.77m³，温度不低于55℃，集热器安装在斜屋面上，集热器安装倾角为15°，配有1个4m³的贮热水箱，贮热水箱内胆采用不锈钢板，水箱保温采用50mm厚的聚氨酯。

图 2-3-3　屋顶太阳能集热器布置图

3.2　技术方案

3.2.1　系统设计

项目热水系统为开式系统，系统形式为集中集热供热，太阳能集热器放置屋顶、太阳能保温水箱放置水箱间。

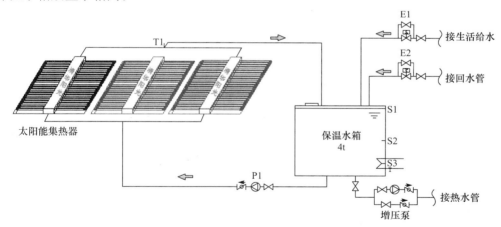

图 2-3-4　太阳能生活热水系统原理图

3.2.2　主要设备情况

项目太阳能热水系统总的增量投资为 648.00 万元，主要购置的设备清单如表 2-3-1 和表 2-3-2 所示。

太阳能生活热水系统主要设备表（B、C区）　　　　　　　　　　表 2-3-1

序号	项目名称	单位	数量	备注
1	集热系统			
1.1	全玻璃式真空管型集热器	m²	38.50	集热器效率为 55% 清华阳光（SLL-5818/2100）

续表

序号	项目名称	单位	数量	备注
1.2	保温水箱	个	1	有效容积 4m³，内外 304 系列不锈钢材质
1.3	供水增压泵	台	1	流量 7.8t/h，扬程 25m，功率 600W 威乐：PUN-600E
1.4	集热循环泵	台	1	流量 6.9t/h，扬程 5m，功率 100W 威乐：PH-101E
1.5	控制系统	套	1	全制动控制创意博 CA0
2	辅助能源			
2.1	电加热棒	条	2	6kW
3	其他配件			
3.1	电磁阀	个	2	DN25，DN32
3.2	PPR（内不锈钢管）	批	1	DN25、32、40
3.3	PPR（内不锈钢管）管件	批	1	DN25、32、40
3.4	角铁	批	1	L40×4 热镀锌
3.5	阀门	批	1	DN25、32、40 埃美柯

太阳能生活热水系统主要设备表（A、D 区）　　　表 2-3-2

序号	项目名称	单位	数量	备注
1	集热系统			
1.1	全玻璃式真空管型集热器	m²	38.50	集热器效率为 55% 皇明（JPS-30TT21-00°）
1.2	保温水箱	个	1	有效容积 4m³，内外 304 系列不锈钢材质
1.3	供水增压泵	台	1	流量 7.8t/h，扬程 25m，功率 600W 威乐：PUN-600E
1.4	集热循环泵	台	1	流量 6.9t/h，扬程 5m，功率 100W 威乐：PH-101E
1.5	控制系统	套	1	全制动控制创意博 CA0
2	辅助能源			
2.1	电加热棒	条	2	6kW
3	其他配件			
3.1	电磁阀	个	2	DN25，DN32
3.2	PPR（内不锈钢管）	批	1	DN25、32、40
3.3	PPR（内不锈钢管）管件	批	1	DN25、32、40
3.4	角铁	批	1	L40×4 热镀锌
3.5	阀门	批	1	DN25、32、40 埃美柯

3.2.3 系统运行原理

项目的太阳能热水系统由两个子系统构成：太阳能集热系统和电加热棒热水系统。当热水需求量超过设计日耗量或天气原因造成产能不足时，启动电加热棒热水系统作为辅助补充。

1. 太阳能集热系统采用温差循环方式，当各区域太阳能集热器顶端温度 T1—太阳能保温水箱温度 $T>5℃$，系统启动太阳能循环泵 P1，将保温水箱中的热水与集热器中的热水进行循环交换，当集热器 $T1-T<2℃$ 时，循环泵自动停止。

通过此方式逐渐将保温水箱中的水升温。

2. 太阳能加热水箱补水采用温度和水位控制

（1）温度控制：当太阳能保温水箱水温高于 55℃，开启补水电磁阀 E1，为保温水箱补水，保温水箱水温低于 50℃，停止补水，直到保温水箱水位至 S1 结束。

（2）水位控制：当保温水箱水位低于 S3 警戒水位，开启补水电磁阀 E1，给保温水箱紧急补水至 S3。

3. 辅助加热系统：辅助加热采用电加热棒方式，电加热棒安装于保温水箱中，当保温水箱水温低于 50℃时，自动启动电加热棒将水加热至 55℃停止，保持保温水箱水温。

4. 回水系统：当热水供水管网终端水温因自然降温低于 40℃时，启动电磁阀 E2，将供水管网中的冷水回流至加热水箱中继续加热。

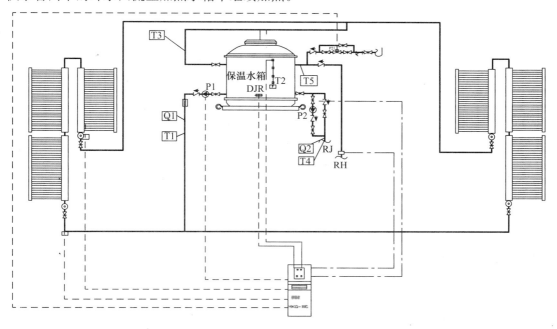

图 2-3-5　真空管型太阳能光热系统原理图及监测点布置图

3.3　性能评估

3.3.1　太阳能保证率

全年太阳能保证率 表 2-3-3

序号	检验项目	当日太阳累计辐照量（MJ/m²）			
		$J<8$	$8≤J<13$	$13≤J<18$	$J≥18$
1	天数（X_1、X_2、X_3、X_4）	98	57	65	145
2	A区11号楼三单元当日实测太阳能保证率（f_1、f_2、f_3、f_4）	20%	44%	66%	84%

续表

序号	检验项目	当日太阳累计辐照量（MJ/m²）			
		$J<8$	$8\leqslant J<13$	$13\leqslant J<18$	$J\geqslant18$
3	B区3号楼二单元当日实测太阳能保证率（f_1、f_2、f_3、f_4）	18%	42%	63%	83%
4	全年太阳能保证率 $f_{全年}$	一、二地块57%，三、四地块56%			
备注	当日太阳累计辐照量指集热器表面太阳总辐射表的检测数据，检测时间以达到要求的太阳累计辐照量为止。A区11号楼三单元实测四天的当日太阳累计辐照量分别为 $J_1=6.89MJ/m^2$，$J_2=11.87MJ/m^2$，$J_3=16.71MJ/m^2$，$J_4=20.59MJ/m^2$；B区3号楼二单元实测四天的当日太阳累计辐照量分别为 $J_1=6.95MJ/m^2$，$J_2=12.01MJ/m^2$，$J_3=16.87MJ/m^2$，$J_4=20.91MJ/m^2$				

3.3.2 常规能源替代量

常规能源替代量　　　　表2-3-4

序号	检验项目	当日太阳累计辐照量（MJ/m²）			
		$J<8$	$8\leqslant J<13$	$13\leqslant J<18$	$J\geqslant18$
1	天数（X_1、X_2、X_3、X_4）	98	57	65	145
2	A区当日实测集热系统得热量（Q_1、Q_2、Q_3、Q_4）MJ	78.7	178.4	263.9	336.9
3	B区当日实测集热系统得热量（Q_1、Q_2、Q_3、Q_4）MJ	66.7	159.3	234.3	310.4
4	项目整体集热系统计算得热量（Q_1、Q_2、Q_3、Q_4）MJ	8724	20262	29892	38838
5	全年常规能源替代量A（吨标准煤）	894.5			
备注	当日太阳累计辐照量指集热器表面太阳总辐射表的检测数据，检测时间以达到要求的太阳累计辐照量为止。A区实测四天的当日太阳累计辐照量分别为 $J_1=6.89MJ/m^2$，$J_2=11.87MJ/m^2$，$J_3=16.71MJ/m^2$，$J_4=20.59MJ/m^2$；B区实测四天的当日太阳累计辐照量分别为 $J_1=6.95MJ/m^2$，$J_2=12.01MJ/m^2$，$J_3=16.87MJ/m^2$，$J_4=20.91MJ/m^2$				

3.3.3 效益分析

1. 环境效益

根据项目全年常规能源替代量的计算结果，该项目的全年常规能源替代量为894.5t标准煤。项目二氧化碳减排量、二氧化硫减排量、烟尘减排量统计如表2-3-5所示。

项目环境效益统计表　　　　表2-3-5

参数	标煤节约量（t/a）	CO_2减排量（t/a）	SO_2减排量（t/a）	烟尘减排量（t/a）
数值	894.5	2209.4	17.89	8.94

2. 经济效益

三亚红沙海岸（半岛蓝湾）项目根据太阳能光热系统全年常规能源替代量的计算结果，该太阳能光热系统全年常规能源替代量为894.5t标准煤，折算成发电量为266万kWh，目前三亚市电价为0.6元/kWh，则每年该项目节约的费用为1597321元，静态投资回收期为4.1

年。针对太阳能热水系统，通过与燃气热水器、电热水器和空气源热泵的投入与运行费用进行对比分析，太阳能热水系统具有很好的经济性，如表2-3-6所示。

不同热水加热类型经济性对比分析汇总表（单位：万元） 表 2-3-6

	电加热棒	燃气热水炉	空气源热泵	太阳能热水
热源前期投资	208.00	398.20	486.00	648.00
年运行费用	441.48	242.62	134.29	52.69
年维护费用	0.30	0.24	0.20	0.16
15 年费用合计	6834.7	4041.10	2503.35	1440.75

3.4 项目总结

三亚红沙海岸（半岛蓝湾）项目使用的太阳能热水系统，充分利用屋面安装布置集热器，最大限度地利用太阳能。经测试该项目全年太阳能保证率为 $56\%\sim57\%$，系统能够保障居民生活热水需求，全年常规能源替代量为 894.5 t 标准煤，CO_2 减排量为 2209.4t/a，SO_2 减排量为 17.89t/a，烟尘减排量为 8.94t/a，年节约费用为 1597321 元，项目具有很好的经济效益和社会效益。

4. 三亚和泓假日阳光项目三四期项目

建筑类型：居住建筑
系统类型：集中式供热水系统
运行方式：直接式、强制循环带户式燃气热水器为辅助热源

4.1 项目概况

三亚和泓假日阳光项目三期为 3 号一栋公共租赁住宅楼，总建筑面积 48954.95m²。3 号楼顶布置了 2 套太阳能热水系统，3 号楼的太阳能热水系统为 13～30 层住户提供生活热水，四期包括 7 号、8 号、9 号楼 3 栋商品住宅楼，总建筑面积 93455.1m²。7 号、8 号、9 号楼顶各布置了 1 套太阳能热水系统，为 16～30 层住户提供生活热水。太阳能热水应用示范面积 63014.86m²，具体经济技术指标如表 2-4-1 所示。

图 2-4-1 三亚和泓假日阳光项目三四期项目示意图

项目经济技术指标 表 2-4-1

	楼号	居住人数	建筑面积（m²）	示范面积（m²）	集热器面积（m²）
公寓	3 号	1620	—	—	675.8
	7 号	830	—	—	352
	8 号	946	—	—	368
	9 号	801	—	—	328
总计	—	4197	142409.95	63014.86	1723.8

三亚和泓假日阳光三四期共计安装了 5 套集中集热太阳能热水系统，系统类型为集中集热、集中储热太阳能热水系统，运行方式为直接式、温差强制循环的太阳能热水系统。系统采用横双排全玻璃真空管型太阳能集热器为集热元件，共计 232 组集热器，集热器总面积 1716.8m²，集热器安装在屋顶屋面上，集热器安装倾角为 30°。7 号、8 号、9 号热水系统各配置了 1 个 28m³ 的贮热水箱；3 号楼 2 个热水系统各配有 1 个 28m³ 的贮热水箱。贮热水箱安装在屋顶，贮热水箱保温材料为 50mm 厚的聚氨酯。系统的辅助热源为户式燃气热水器，日照不足及阴雨天气时，保证热水供应。

图 2-4-2　屋顶集热器布置

4.2　技术方案

4.2.1　设计要求

1. 用水量设计

住宅总人数为 4197 人，每人每天热水用水量取：60L/人·日，热水最高日用水量：3 号楼 1620 人×60L/人=97200L，7 号楼 830 人×60L/人=49800L，8 号楼 946 人×60L/人=56760L，9 号楼 801 人×60L/人=48060L，根据规范直接加热系统单位采光面积平均每日产水量为 40～100L/m²（此处取 40L）及系统用户 90min 设计小时耗热量计算，3 号、7 号、8 号、9 号水箱容积各为 56T、28T、28T、28T。

（1）3 号楼使用人数为 1620 人，60L/人·日，即该栋楼集热器面积共为 1180m²，一组 7.59m²，由于屋面面积受限，只能布置 90 组，根据楼面实际安装集热面积为 675.8m²。

（2）7 号楼使用人数为 484 人，60L/人·日，即该栋楼集热器面积共为 604.5m²，由于屋面面积受限，只能布置 47 组，每组 7.59m²，楼面实际安装集热面积为 352m²。

（3）8 号楼使用人数为 506 人，60L/人·日，即该栋楼集热器面积共为 788.33m²，由于屋面面积受限，只能布置 49 组，每组 7.59m²，根据楼面实际安装集热面积为 368m²。

（4）9 号楼使用人数为 450 人，60L/人·日，即该栋楼集热器面积共为 764.18m²，由于屋面面积受限，只能布置 43 组，每组 7.59m²，根据楼面实际安装集热面积为 328m²。

2. 设计系统组成

太阳能热水系统由太阳能集热器、保温水箱、控制设备、管路配件等四部分有机组合成集热供水系统（图 2-4-3）。整个系统全自动运行，使用安全、运行可靠，维护方便，可根据用水量、安装场地、用户需求进行灵活的组合安装。

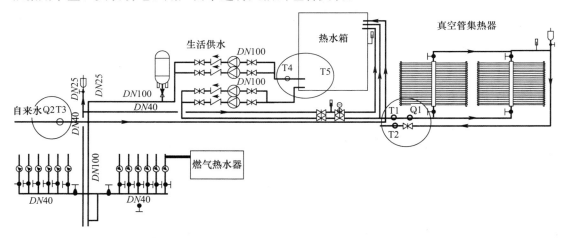

图 2-4-3　太阳能光热系统原理图及监测点布置图

4.2.2　系统运行原理

系统为直接式、温差强制循环带燃气辅助热水器的太阳能热水系统。系统采用横双排全玻璃真空管型太阳能集热器为集热元件，真空管集热器吸收太阳辐射能量转换成热能，将真空管内的水加热。储热水箱设有温度参考点 T2，太阳能集热器设置温度测点 T1，当集热器温度 T1 与储热水箱水温 T2 的温差升高至 5℃时（温差可调），太阳能系统水泵启动，提升储水箱温度；当集热器温度 T1 与储热水箱水温 T2 的温差降至 3℃时，太阳能系统水泵停止，完成一次集热温差循环。如此，通过使集热水箱水温升高的方法储存太阳能集热器吸收的太阳热量。当储热水箱热量不足时，户内燃气热水器进行辅助加热，保证用户 24h 使用热水。

4.2.3　主要设备情况

太阳能生活热水系统主要设备表　　　　　　　　表 2-4-2

序号	项目名称	单位	数量	备注
1	全玻璃真空管型太阳能集热器	组	226	规格：SLL4715-50 50 支管；面积：7.59m²；工作压力：0.6MPa
2	保温水箱	个	3	28m³
3	供水增压泵	台	10	德国威乐型号：PH-1500Q
4	集热循环泵	台	10	德国威乐型号：PH-1500Q
5	控制系统	套	1	采用变频供水系统，380V
6	阀门	批	1	宁波钻石 DN20～DN100

4.2.4　系统安全控制

1. 安装面荷载控制，结合建筑设计的荷载要求，集热器由支墩和支架支撑，集热器支架采用 L40×40×4 国标热镀锌管现场制作，按防台风标准制作，集热器固定采用七字压块和一字防台风压块配和螺丝紧固，集热器铜连需用生料带密封。

2. 热水安全措施：太阳能热水系统供水、回水管路、热水箱、联集箱等均作保温处理，热水箱、联集箱用聚氨酯发泡保温，太阳能热水系统供水、回水管路橡塑管保温外加铝皮，减少热量的损失。

3. 日常生活用水系统保温措施：用水系统设计采用主管循环，尽量减少每次使用前放冷水浪费，节约水源保证热水的使用。

4.3 性能评估

4.3.1 太阳能保证率

全年太阳能保证率　　　　表 2-4-3

序号	检验项目	当日太阳累计辐照量（MJ/m²）			
		$J<8$	$8 \leqslant J<13$	$13 \leqslant J<18$	$J \geqslant 18$
1	天数（X_1、X_2、X_3、X_4）	98	57	65	145
2	日实测太阳能保证率（f_1、f_2、f_3、f_4）	22%	41%	64%	81%
3	全年太阳能保证率 $f_{全年}$	59%			
备注	当日太阳累计辐照量指集热器表面太阳总辐射表的检测数据，检测时间以达到要求的太阳累计辐照量为止。实测四天的当日太阳累计辐照量分别为 $J_1=6.96MJ/m^2$，$J_2=12.16MJ/m^2$，$J_3=17.03MJ/m^2$，$J_4=22.17MJ/m^2$				

4.3.2 常规能源替代量

常规能源替代量　　　　表 2-4-4

序号	检验项目	当日太阳累计辐照量（MJ/m²）			
		$J<8$	$8 \leqslant J<13$	$13 \leqslant J<18$	$J \geqslant 18$
1	天数（X_1、X_2、X_3、X_4）	98	57	65	145
2	当日实测集热系统得热量（Q_1、Q_2、Q_3、Q_4）MJ	687.2	1321.4	2061.6	2883.1
3	项目整体集热系统计算得热量（Q_1、Q_2、Q_3、Q_4）MJ	3604.1	6996.4	10778.2	15306.9
4	全年常规能源替代量 A（吨标准煤）	342.7			
备注	当日太阳累计辐照量指集热器表面太阳总辐射表的检测数据，检测时间以达到要求的太阳累计辐照量为止。实测四天的当日太阳累计辐照量分别为 $J_1=6.96MJ/m^2$，$J_2=12.16MJ/m^2$，$J_3=17.03MJ/m^2$，$J_4=22.17MJ/m^2$				

4.3.3 效益分析

1. 环境效益

根据项目全年常规能源替代量的计算结果，项目的全年常规能源替代量为342.7t标准煤。项目二氧化碳减排量、二氧化硫减排量、烟尘减排量统计如表2-4-5所示。

项目环境效益统计表　　　　　　　　　　　　　　　表 2-4-5

参数	标煤节约量（t/a）	CO_2 减排量（t/a）	SO_2 减排量（t/a）	烟尘减排量（t/a）
数值	342.7	846.5	6.85	3.43

2. 经济效益

根据太阳能光热系统全年常规能源替代量的计算结果，该太阳能光热系统全年常规能源替代量为 342.7t 标准煤，则算成发电量为 101 万 kWh，目前三亚市电价为 0.6 元/kWh，每年该项目节约的费用为 611964 元。

4.4　项目总结

项目使用的太阳能热水系统，充分利用屋面安装布置集热器，最大限度地利用了太阳能的优势。经测试该项目全年太阳能保证率为 59%，系统能够保障居民生活热水需求，全年常规能源替代量为 342.7t 标准煤，CO_2 减排量为 846.5t/a，SO_2 减排量为 6.58t/a，烟尘减排量为 3.43t/a，项目具有很好的经济效益和社会效益。

5. 三亚中兴配套住宅建设项目一期工程

建筑类型：居住建筑
系统类型：集中式供热水系统
运行方式：直接式、强制循环带户式燃气热水器为辅助热源

5.1 项目概况

三亚中兴配套住宅一期包括 8 栋新建住宅楼，总建筑面积 141833m²。其中 6 号、7 号楼太阳能系统设计用热水覆盖层数为 11 层，1 号、2 号、3 号、4 号、5 号、8 号楼的示范面积设计用热水覆盖层数为 12 层，太阳能热水系统示范应用面积为 71451.54m²。

项目经济技术指标   表 2-5-1

楼号	用热水人数	人均日用水定额	每天总用水量	集热器配置	水箱配置
1 号 A/C	192 人	60L/人·日	11520L	264m²	2 个 4.5m³
1 号 B	288 人	60L/人·日	17280L	156m²	2 个 9.0m³
2 号 A/B	195 人	60L/人·日	11700	256m²	2 个 4.5m³
3 号	288 人	60L/人·日	17280L	188m²	2 个 9.0m³
4 号	576 人	60L/人·日	34560	378m²	4 个 7.0m³
5 号 8 号	576 人	60L/人·日	34560L	756m²	4 个 7.0m³
6 号 7 号	216 人	60L/人·日	12960L	228m²	2 个 4.0m³
合计	2331	—	139860L	2226m²	—

三亚中兴配套住宅一期共计安装了 14 套集中集热太阳能热水系统，系统类型为集中集热、集中储热太阳能热水系统，运行方式为直接式、温差强制循环的太阳能热水系统。项目太阳能系统采用平板型太阳能集热器为集热元件，共计 1113 片集热器，集热器总面积 2226.0m²。安装在屋顶屋面上的集热器安装倾角为 30°；安装在屋顶构件花架上的集热器安装倾角为 10°。系统贮热水箱安装在屋顶，贮热水箱保温材料为 50mm 厚的聚氨酯。系统的辅助热源为户式燃气热水器，日照不足及阴雨天气时，保证热水供应。

图 2-5-1 公寓楼屋顶集热器布置

5.2　技术方案

5.2.1　系统运行原理

项目太阳能中央热水系统采用温差式强制循环方式取热，热水系统进补冷水水源接自于楼顶给水管网，在定时、定液位控制装置作用下，将冷水补入储热水箱中，然后由循环管进入集热器阵，在集热器中受太阳能辐射加热。当集热器阵水温高于储热水箱内的水温且达到设定温差（3～10℃）时，循环水泵在温差控制器的作用下自动启动，热水经由循环管进入储热水箱上部，同时水箱底部温度较低的水又由下循环管进入集热器阵，继续受太阳能辐射加热，如此循环使储热水箱中的水温不断升高。当集热器阵与保温水箱两处水温相等或集热器阵水温低于保温水箱的水温时，循环水泵立即停止循环，热水蓄集在储热水箱中。

5.2.2　主要设备情况

项目太阳能热水系统总的增量投资为334万元，主要购置的设备清单如表2-5-2所示。太阳能中央热水系统主体工程主要由集热器矩阵、不锈钢保温水箱、强制循环装置、自动进补冷水装置、水箱底座、集热器支架等组成。

公寓建筑热水系统主要设备参数表　　表2-5-2

序号	设备名称	规格型号
1	集热器	平板太阳能集热器，规格：φ2000mm×1000mm×80支
2	贮热水箱	材质：304不锈钢板，型号：7T、9T
3	集热循环泵	PH-401E，流量：16m³/h，扬程：18m

5.2.3　系统设计要求

1. 系统设计

（1）系统自动进补冷水设计

采用电磁阀、加压泵控制定时进补冷水，冷水进补设计为补满全部水箱用时不超过2h，并且可以随意调节进冷水时间，可防止热水使用过程中因冷水进补而温度越来越低，即保持热水在使用过程中水温稳定。

（2）安装设计

太阳能集热器矩阵、储热水箱等设计安装在楼顶平台上。既充分利用楼顶的有效空间，又能保证集热器的采光效果，并且通过与楼顶粘接固定水泥墩，不仅不损坏楼面，还使集热器具备抗台风功能。储热水箱通过设置底座来分散其重量。另外，储热水箱还是一个优良的缺水保护箱，能确保在停水之际照常供应热水。

（3）系统保温设计

太阳能系统楼面循环管、冷水管、供热水主管选用国标PP-R热水管，管道保温采用

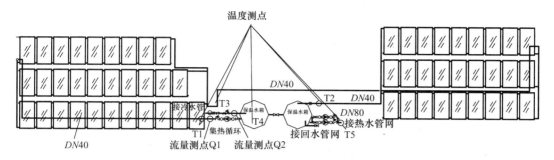

图 2-5-2　太阳能光热系统原理图及监测点布置图

EPS 管套保温外加铝皮压边扣缝工艺包扎，达到防紫外线及保温双重效果。集热器边框采用聚氨酯发泡保温，水箱采用聚氨酯发泡（δ50）与 EPS 复合保温（δ25），外用优质（δ0.2）压边扣缝工艺包扎，其中水箱保温层厚度 δ＝50mm，管道保温厚度 δ＝25mm。

（4）系统自控设计

整个系统采用微电脑控制，全自动运转、故障自检，无须专人操作，并可根据实际用水情况调整产水量，避免造成浪费。还可在自动控制系统有故障时采用人工控制，保证系统正常运行。

（5）回水系统设计

系统实行定时段、定温回水，在每次用热水前系统自动将管道内低温的水通过回水泵循环到太阳能水箱内进行加热，储热水箱内高温的水通过自动供水装置供到楼下每个用水点，确保每次打开水龙头都有高温的热水使用，提高了热水使用质量。

2. 系统设计说明

（1）保温层说明

按国家有关保温规范及太阳能热水系统有关标准计算，方案设计采用聚氨酯、岩棉壳、预制式 EPS 管壳、玻棉等保温材料。采用保温层厚度：储热水箱 δ＝50mm，热（回）水管、岩棉保温层 δ＝25mm，集热器背板超细玻纤保温层 δ＝30mm。

（2）消防保护说明

系统全部构件采用不燃或难燃材料制作，楼面工程布局保证消防通道顺畅。

（3）风压抗震性说明

系统结构设计时，按抗十级台风、抗震防裂度八度为标准。

（4）环保性说明

系统水质在循环加热过程中，大部分污泥杂物在重力作用下沉降在集热器和储热水箱底部（从屋顶水池抽取冷水，经初步沉淀过滤），定期排污对环境无任何影响（主要是钙、镁沉淀物及污泥）。

（5）水（气）密性、防腐阻垢性说明

集热器在出厂前，热水箱等在现场安装前，均按国家有关规范规定进行气压及气密性试验，符合标准后设备及管道安装完毕，然后按国家《管道工程施工及验收规范》有关规定进行水压和气密性试验，符合标准则为合格。集热器、支架采用热镀锌处理，热水箱均为日本 304/2B 不锈钢，冷热水管及水件采用热镀锌国标件，现场冷作及现场焊缝刷漆及防锈漆处理（共三遍）；每台设备均设置排污，定期排污可有效阻止设备结垢老化。

5.3　性能评估

5.3.1　太阳能保证率

全年太阳能保证率　　　　　　　　　　　　　　表 2-5-3

序号	检验项目	当日太阳累计辐照量（MJ/m²）				平均值
		$J<8$	$8\leqslant J<13$	$13\leqslant J<18$	$J\geqslant 18$	
1	天数（X_1、X_2、X_3、X_4）	98	57	65	145	/
2	1 号楼 B 单元当日实测太阳能保证率 （f_1、f_2、f_3、f_4）	18%	34%	58%	77%	51%
3	1 号楼 C 单元当日实测太阳能保证率 （f_1、f_2、f_3、f_4）	30%	56%	94%	100%	73%
4	全年太阳能保证率 $f_{全年}$	62%				
备注	当日太阳累计辐照量指集热器表面太阳总辐射表的检测数据，检测时间以达到要求的太阳累计辐照量为止。1 号楼 B 单元实测四天的当日太阳累计辐照量分别为 $J_1=7.30\text{MJ/m}^2$，$J_2=12.14\text{MJ/m}^2$，$J_3=17.40\text{MJ/m}^2$，$J_4=22.49\text{MJ/m}^2$；1 号楼 C 单元实测四天的当日太阳累计辐照量分别为 $J_1=7.37\text{MJ/m}^2$，$J_2=12.14\text{MJ/m}^2$，$J_3=17.33\text{MJ/m}^2$，$J_4=22.51\text{MJ/m}^2$					

5.3.2　常规能源替代量

常规能源替代量　　　　　　　　　　　　　　表 2-5-4

序号	检验项目	当日太阳累计辐照量（MJ/m²）			
		$J<8$	$8\leqslant J<13$	$13\leqslant J<18$	$J\geqslant 18$
1	天数（X_1、X_2、X_3、X_4）	98	57	65	145
2	1 号楼 B 单元当日实测集热系统得热量 （Q_1、Q_2、Q_3、Q_4）MJ	365.2	683.2	1154.7	1554.4
3	1 号楼 C 单元当日实测集热系统得热量 （Q_1、Q_2、Q_3、Q_4）MJ	305.4	566.8	957.2	1318.2
4	项目整体集热系统计算得热量 （Q_1、Q_2、Q_3、Q_4）MJ	5143.2	9498.8	16125.0	22372.9
5	全年常规能源替代量 A（吨标准煤）	498.2			
备注	当日太阳累计辐照量指集热器表面太阳总辐射表的检测数据，检测时间以达到要求的太阳累计辐照量为止。1 号楼 B 单元实测四天的当日太阳累计辐照量分别为 $J_1=7.30\text{MJ/m}^2$，$J_2=12.14\text{MJ/m}^2$，$J_3=17.40\text{MJ/m}^2$，$J_4=22.49\text{MJ/m}^2$；1 号楼 C 单元实测四天的当日太阳累计辐照量分别为 $J_1=7.37\text{MJ/m}^2$，$J_2=12.14\text{MJ/m}^2$，$J_3=17.33\text{MJ/m}^2$，$J_4=22.51\text{MJ/m}^2$				

5.3.3　效益分析

1. 环境效益

根据项目全年常规能源替代量的计算结果，该项目的全年常规能源替代量为 498.2t

标准煤。项目二氧化碳减排量、二氧化硫减排量、烟尘减排量统计如表 2-5-5 所示。

项目环境效益统计表

表 2-5-5

参数	标煤节约量（t/a）	CO_2 减排量（t/a）	SO_2 减排量（t/a）	烟尘减排量（t/a）
数值	498.2	1230.6	9.96	4.98

2. 经济效益

根据太阳能光热系统全年常规能源替代量的计算结果，太阳能光热系统全年常规能源替代量为 498.2t 标准煤，折算成发电量为 146 万 kWh，目前三亚市电价为 0.6 元/kWh，则每年该项目节约的费用为 889643 元，投资回收期为 3.7 年。

5.4 项目总结

项目充分利用屋面安装布置集热器，最大限度地利用太阳能的优势。经测试项目全年太阳能保证率为 62%，系统能够保障居民生活热水需求，全年常规能源替代量为 498.2t 标准煤，CO_2 减排量为 1230.6t/a，SO_2 减排量为 9.96t/a，烟尘减排量为 4.98t/a，项目具有很好的经济效益和社会效益。

6. 红树山谷二期（E-05 地块部分）项目

建筑类型：酒店式公寓
系统类型：分散式供热水系统
运行方式：间接式、强制循环带电辅助热源

6.1 项目概况

红树山谷二期位于三亚市亚龙湾太阳湾路地区，其中 E-05 地块部分项目总建筑面积 87017.62m²，地上总面积 58379.9m²，地下总面积 28637.72m²。红树山谷二期（红树山谷二期 E-05 地块部分）项目安装了 276 套太阳能热水系统，共计 807 组平板型太阳能集热器，集热器总面积 1614.0m²。其中公寓楼集热器安装在屋顶屋面上，集热器安装倾角为 8°；别墅建筑为坡屋顶，集热器安装倾角与建筑屋顶倾角一致，倾角为 20°。太阳能热水系统贮热水箱保温采用 50mm 厚的聚氨酯。辅助热源采用空气源热泵，日照不足及阴雨天时保证生活水供应。

图 2-6-1　酒店式公寓（公寓楼）集热器设置图

图 2-6-2　酒店式公寓（别墅）集热器设置图

6.2 技术方案

6.2.1 系统运行原理

项目太阳能热水系统是由太阳能集热器、保温水箱、控制设备、管路配件及辅助加热设施等五部分有机组合而成的集热供水系统。整个系统全自动运行，使用安全，运行可靠，维护方便。可根据用水量、安装场地、用户需求进行灵活的组合安装。

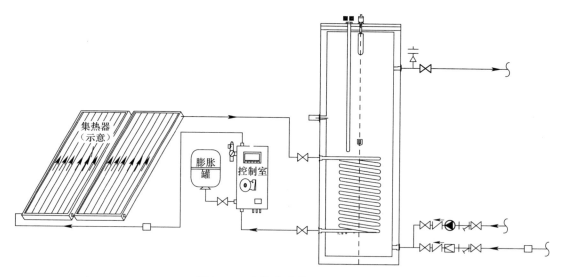

图 2-6-3　太阳能光热系统原理图

系统采用平板型太阳能集热器，平板型太阳能集热器吸热体吸收太阳辐射能量转换成热能加热集热器内的水，当太阳能集热器出口水温与贮热水箱水温相差大于 8℃ 时（温差可调），系统自动开启集热循环泵；将集热器内的高温水循环至贮热水箱内的换热盘管，换热盘管再与贮热水箱内的低温水发生热交换，将盘管内的热水换热到贮热水箱内；当平板型太阳能集热器出口水温与贮热水箱相差 1℃ 时（温差可调），系统自动停止集热循环泵，反复循环，使贮热水箱水温不断升高。当储热水箱热量不足或日照不足及阴雨天气时，采用电辅助加热，保证热水供应。

6.2.2 主要设备情况

系统主要设备表　　　　　　　　　　　　　　　　表 2-6-1

序号	设备名称	产地	规格型号	数量（台）	备注
1	微热管阵列平板式集热器	南京"光威"	2000mm×1000mm×90mm	807	太阳能集热
2	屏蔽循环泵	北京"威乐"	RS/15-6	426	集热循环、室内循环
3	控制器	深圳"百博"	389Q	275	系统控制

序号	设备名称	产地	规格型号	数量（台）	备注
4	承压水箱	广东"金拓"	200L	114	多层建筑114户 每户一台
5	承压水箱	广东"金拓"	300L	10	多层建筑复式10户 每户一台
6	承压水箱	广东"金拓"	300L	50	低层建筑A户 每户一台
7	承压水箱	广东"金拓"	400L	43	低层建筑B户 每户一台
8	承压水箱	广东"金拓"	500L	39	低层建筑C户 每户一台
9	承压水箱	广东"金拓"	500L	19	低层建筑D及其他户每户一台
10	不锈钢管	成都"共同"	DN20	批	系统太阳能循环管路
11	阀门	埃美柯	DN20	825	
12	保温	河北"华美"	DN20	批	系统太阳能循环管路保温

6.3　性能评估

6.3.1　太阳能保证率

全年太阳能保证率计算如表 2-6-2。

全年太阳能保证率　　　　　　　　　　　　　　　　　表 2-6-2

序号	检验项目	当日太阳累计辐照量（MJ/m²）			
		$J<8$	$8{\leqslant}J<13$	$13{\leqslant}J<18$	$J{\geqslant}18$
1	天数（X_1、X_2、X_3、X_4）	98	57	65	145
2	公寓建筑当日实测太阳能保证率（f_1、f_2、f_3、f_4）	21%	40%	68%	86%
3	别墅当日实测太阳能保证率（f_1、f_2、f_3、f_4）	26%	48%	85%	100%
4	全年太阳能保证率 $f_{全年}=$	酒店式公寓（公寓楼）58%，酒店式公寓（别墅）69%			
备注	当日太阳累计辐照量指集热器表面太阳总辐射表的检测数据，检测时间以达到要求的太阳累计辐照量为止。实测四天的当日太阳累计辐照量分别为 $J_1=7.27\text{MJ/m}^2$，$J_2=12.68\text{MJ/m}^2$，$J_3=17.79\text{MJ/m}^2$，$J_4=21.35\text{MJ/m}^2$				

6.3.2　常规能源替代量

常规能源替代量　　　　　　　　　　　　　　　　　表 2-6-3

序号	检验项目	当日太阳累计辐照量（MJ/m²）			
		$J<8$	$8{\leqslant}J<13$	$13{\leqslant}J<18$	$J{\geqslant}18$
1	天数（X_1、X_2、X_3、X_4）	98	57	65	145
2	1-1-302 当日实测集热系统得热量（Q_1、Q_2、Q_3、Q_4）MJ	12.9	24.8	42.4	53.6

续表

序号	检验项目	当日太阳累计辐照量（MJ/m²）			
		$J<8$	$8{\leqslant}J<13$	$13{\leqslant}J<18$	$J{\geqslant}18$
3	1018 号别墅当日实测集热系统得热量 （Q_1、Q_2、Q_3、Q_4）MJ	18.2	33.9	59.2	74.4
4	公寓建筑当日实测集热系统得热量 （Q_1、Q_2、Q_3、Q_4）MJ	1592.9	3047.2	5281.1	6692.5
5	别墅当日实测集热系统得热量 （Q_1、Q_2、Q_3、Q_4）MJ	1969.2	3630.4	6436.8	8117.1
6	全年常规能源替代量 A（吨标准煤）	324.5			
备注	当日太阳累计辐照量指集热器表面太阳总辐射表的检测数据，检测时间以达到要求的太阳累计辐照量为止。实测四天的当日太阳累计辐照量分别为 $J_1=7.27MJ/m^2$，$J_2=12.68MJ/m^2$，$J_3=17.79MJ/m^2$，$J_4=21.35MJ/m^2$				

6.3.3 效益分析

1. 环境效益

根据项目全年常规能源替代量的计算结果，项目全年常规能源替代量为 324.5t 标准煤。项目二氧化碳减排量、二氧化硫减排量、烟尘减排量统计如表 2-6-4 所示。

项目环境效益统计表   表 2-6-4

参数	标煤节约量（t/a）	CO_2 减排量（t/a）	SO_2 减排量（t/a）	烟尘减排量（t/a）
数值	324.5	801.5	6.49	3.25

2. 经济效益

根据太阳能光热系统全年常规能源替代量的计算结果，太阳能光热系统全年常规能源替代量为 324.5t 标准煤，折合发电量为 96 万 kWh，目前三亚市电价为 0.6 元/kWh，则每年该项目节约的费用为 579464 元。

项目经济性分析汇总表   表 2-6-5

装置类别 项目	太阳能热水器	电热水器 （电价 0.56 元/kWh）	燃气热水器 （单价 2.10 元/m²）
日产热水量（L/℃）	160L（45℃热水）	160L（45℃热水）	160L（45℃热水）
使用人数	4~5 人	4~5 人	4~5 人
每年所用天数	365 天	365 天	365 天
初始设备投资（元）	4000.00 元	2000.00 元	1600.00 元
设备使用寿命（年）	15 年	7.5 年	7.5 年
每年所需燃料动力费（元）	280.00 元（辅助电加热）	1389.00 元	1260.00 元
15 年所需总燃料费（元）	4200.00 元（辅助电加热）	20835.00 元	18900.00 元
15 年装置总投资（元）	4000.00 元	4000.00 元	3200.00 元
15 年总费用（元）	8200.00 元	24835.00 元	22100.00 元

6.4　项目总结

项目选择平板太阳能集热器，并根据采光面积大小合理配置水箱，最大限度地利用了太阳能。经测试项目酒店式公寓（公寓）建筑全年太阳能保证率为 58%，酒店式公寓（别墅）全年太阳能保证率为 69%，系统能够满足热水需求，该项目的 CO_2 减排量为 801.5t/a，SO_2 减排量为 6.49t/a，烟尘减排量为 3.25t/a，示范项目每年节约的费用为 579464 元，具有很好的经济效益和社会效益。

7. 三亚京海成下洋田住宅小区

建筑类型：居住建筑
系统类型：集中式供热水系统
运行方式：间接式、强制循环带电辅助能源

7.1 项目概述

　　三亚京海成下洋田住宅小区项目9～11号楼位于三亚市鹿回头片区下洋田。9号、10号、11号楼均为地下1层、地上18层，其中9号、10号建筑均有135户住户，11号建筑有101户住户。9～11号楼总建筑面积29107.63m²，太阳能热水系统应用示范面积27208.71m²。

　　三亚京海成下洋田住宅小区项目9～11号楼系统类型为间接式、强制循环带电辅助能源的集中集热分户贮热太阳能热水系统，采用全玻璃真空管太阳能集热器为集热元件，集热器规格为φ58mm×1800mm×25支。9～11号楼安装了3套太阳能热水系统，共计234组集热器，集热器总面积936m²，集热器安装在屋顶屋面上，集热器安装倾角为22°。9号、10号系统分别配置一个10m³过渡水箱，34个60L承压保温水箱及101个100L承压保温水箱；11号系统配置一个8m³过渡水箱，67个100L承压保温水箱及34个150L承压保温水箱，承压水箱内置电加热，日照不足及阴雨天气时，保证生活热水供应。

图 2-7-1　项目鸟瞰图

7.2 技术方案

7.2.1 系统设计

　　项目住宅部分生活热水采用太阳能为主、电加热棒为辅助热源。太阳能集热器置于各栋楼的屋顶，太阳能集热器面积为933.4m²。集热器采用全玻璃式真空管，集中布置，采用集中集热分户储热。设置屋顶太阳能保温水箱与室内换热水箱形成循环。太阳能热水系统设计为每户每天提供55℃的生活热水200L。

图 2-7-2　屋顶集热器布置

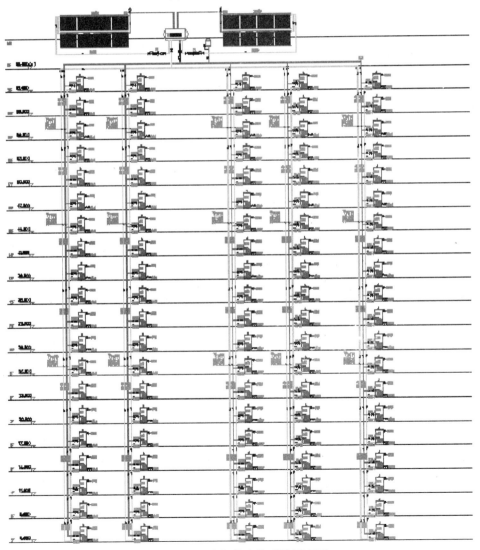

图 2-7-3　太阳能光热系统原理图

7.2.2 主要设备情况

项目太阳能热水系统 9 号楼增量投资为 744391.10 元，10 号楼增量投资为 744391.10 万元，11 号楼增量投资为 588720.33 万元。具体的应用设备清单如下表 2-7-1~表 2-7-3 所示。

公寓建筑热水系统主要设备表（9 号楼）　　　　表 2-7-1

序号	项目名称	单位	数量	备注
1	集热系统			
1.1	全玻璃式真空管型集热器	m²	340	集热器效率为 55% 清华阳光（SLL-5818/25）
1.2	屋顶过渡水箱	个	1	有效容积 10m³，内外 304 系列不锈钢材质
1.3	集热循环泵	台	4	流量 13.8t/h，扬程 7.5m，功率 250W 威乐：PH-25E
1.4	供水变频增压泵	台	1	流量 12t/h，扬程 50m，功率 1800W 威乐：MHI805
1.5	控制系统	套	1	全制动控制创意博 CA1
1.6	远程监控	套	1	PLC，电脑版
2	辅助能源			
2.1	电加热板	个	1	制热量 2kW，每个水箱配置一个
3	室内系统			
3.1	室内承压水箱	个	34	搪瓷内胆搪瓷内胆，蓝金硅钢盘管换热器，外胆为彩涂板（60L）
3.2	室内承压水箱	个	101	搪瓷内胆搪瓷内胆，蓝金硅钢盘管换热器，外胆为彩涂板（100L）
3.3	分户控制器	个	135	户内水箱控制
3.4	分户显示屏	个	135	显示器
4	其他配件			
4.1	电磁阀	个	1	DN50
4.2	不锈钢管	批	1	DN25、32、40、50
4.3	不锈钢管管件	批	1	DN25、32、40、50
4.4	角铁	批	1	L40×4 热镀锌
4.5	阀门	批	1	DN25、32、40、50 埃美柯

公寓建筑热水系统主要设备表（10 号楼）　　　　表 2-7-2

序号	项目名称	单位	数量	备注
1	集热系统			
1.1	全玻璃式真空管型集热器	m²	340	集热器效率为 55% 清华阳光（SLL-5818/25）
1.2	屋顶过渡水箱	个	1	有效容积 10m³，内外 304 系列不锈钢材质
1.3	集热循环泵	台	4	流量 13.8t/h，扬程 7.5m，功率 250W 威乐：PH-251E
1.4	供水变频增压泵	台	1	流量 12t/h，扬程 50m，功率 1800W 威乐：MHI805
1.5	控制系统	套	1	全制动控制创意博 CA1

续表

序号	项目名称	单位	数量	备注
1.6	远程监控	套	1	PLC，电脑版
2	辅助能源			
2.1	电加热板	个	1	制热量 2kW，每个水箱配置一个
3	室内系统			
3.1	室内承压水箱	个	34	搪瓷内胆搪瓷内胆，蓝金硅钢盘管换热器，外胆为彩涂板（60L）
3.2	室内承压水箱	个	101	搪瓷内胆搪瓷内胆，蓝金硅钢盘管换热器，外胆为彩涂板（100L）
3.3	分户控制器	个	135	户内水箱控制
3.4	分户显示屏	个	135	显示器
4	其他配件			
4.1	电磁阀	个	1	DN50
4.2	不锈钢管	批	1	DN25、32、40、50
4.3	不锈钢管管件	批	1	DN25、32、40、50
4.4	角铁	批	1	L40×4 热镀锌
4.5	阀门	批	1	DN25、32、40、50 埃美柯

公寓建筑热水系统主要设备表（11 号楼） 表 2-7-3

序号	项目名称	单位	数量	备注
1	集热系统			
1.1	全玻璃式真空管型集热器	m²	256	集热器效率为 55% 清华阳光（SLL-5818/25）
1.2	屋顶过渡水箱	个	1	有效容积 8m³，内外 304 系列不锈钢材质
1.3	集热循环泵	台	4	流量 13.8t/h，扬程 7.5m，功率 250W 威乐：PH-251E
1.4	供水变频增压泵	台	1	流量 12t/h，扬程 50m，功率 1800W 威乐：MHI805
1.5	控制系统	套	1	全制动控制创意博 CA1
1.6	远程监控	套	1	PLC，电脑版
2	辅助能源			
2.1	电加热板	个	1	制热量 2kW，每个水箱配置一个
3	室内系统			
3.1	室内承压水箱	个	34	搪瓷内胆搪瓷内胆，蓝金硅钢盘管换热器，外胆为彩涂板（150L）
3.2	室内承压水箱	个	67	搪瓷内胆搪瓷内胆，蓝金硅钢盘管换热器，外胆为彩涂板（100L）
3.3	分户控制器	个	101	户内水箱控制
3.4	分户显示屏	个	101	显示器
4	其他配件			
4.1	电磁阀	个	1	DN50
4.2	不锈钢管	批	1	DN25、32、40、50
4.3	不锈钢管管件	批	1	DN25、32、40、50
4.4	角铁	批	1	L40×4 热镀锌
4.5	阀门	批	1	DN25、32、40、50 埃美柯

7.2.3 系统运行原理

1. 温差循环：当太阳能集热器顶端温度 $Tn(n=1、2)$ －太阳能过渡水箱 T3＞5℃，系统启动太阳能循环泵 $Pn(n=1、2)$，将过渡水箱中的热水与集热器中的热水进行循环交换，当集热器 $Tn(n=1、2)=T3$ 时，循环泵 $Pn(n=1、2)$ 自动停止。

2. 自动换热功能：当温度之差管道温度－水箱温度＞4℃时，启动电动阀打开，进行循环，当温度之差主管道温度－水箱温度＜2℃时，关闭电动阀，停止循环。

3. 手动加热：手动启动辅助加热，把储热水箱内的水加热到比设定温度后停止加热。

4. 定时加热：可任意设定辅助加热定时启动时间（建议设定在下午3时至5时之间）。当水箱温度 T2 在设定时间前达到设定温度时，辅助加热自动取消；而当水箱温度在设定时间前未达到设定温度-5时，辅助加热自动启动，到水箱温度 T2 大于等于设定值时停止加热。真正做到光电互补，既节电又保证全天候使用。

5. 恒温加热：可用辅助加热反复循环加热，使水箱温度恒定在设定温度附近。当水箱温度 T2 低于设定温度－5，自动启动辅助加热，到水箱温度高于设定温度后停止。

6. 高温保护功能：当 T2＞60℃（可调）时，电动阀不启动；T2＜55℃（可调）时恢复。

7. 停电保持：停电时，控制器内置电池可将设定的功能储存一段时间（2小时以上），来电后，仍可按原先设定功能照常运行。

8. 故障报警：将可能发生的故障显示在屏幕上，便于故障确认及维修。

9. 宽电压工作：可以承受较宽的电压波动，耐高压、耐低压幅度较大。

10. 安全防护：设有短路、过流、漏电、过温断电四种安全防护功能。

7.3 性能评估

7.3.1 太阳能保证率

全年太阳能保证率计算如表 2-7-4。

全年太阳能保证率 表 2-7-4

序号	检验项目	当日太阳累计辐照量（MJ/m²）			
		$J<8$	$8≤J<13$	$13≤J<18$	$J≥18$
1	天数（X_1、X_2、X_3、X_4）	98	57	65	145
2	系统当日实测太阳能保证率（f_1、f_2、f_3、f_4）	20%	41%	66%	86%
3	全年太阳能保证率 $f_{全年}$	58%			
备注	当日太阳累计辐照量指集热器表面太阳总辐射表的检测数据，检测时间以达到要求的太阳累计辐照量为止。实测四天的当日太阳累计辐照量分别为 $J_1=7.30MJ/m^2$，$J_2=12.72MJ/m^2$，$J_3=17.27MJ/m^2$，$J_4=21.04MJ/m^2$				

7.3.2 常规能源替代量

常规能源替代量 表 2-7-5

序号	检验项目	当日太阳累计辐照量（MJ/m²）			
		$J<8$	$8≤J<13$	$13≤J<18$	$J≥18$
1	天数（X_1、X_2、X_3、X_4）	98	57	65	145
2	11号当日实测集热系统得热量（Q_1、Q_2、Q_3、Q_4）MJ	490.2	1020.3	1635.1	2128.3
3	项目整体集热系统得热量（Q_1、Q_2、Q_3、Q_4）MJ	1803.9	3714.6	5948.6	7719.8
4	全年常规能源替代量 A（吨标准煤）	168.9			
备注	当日太阳累计辐照量指集热器表面太阳总辐射表的检测数据，检测时间以达到要求的太阳累计辐照量为止。实测四天的当日太阳累计辐照量分别为 $J_1=7.30MJ/m^2$，$J_2=12.72MJ/m^2$，$J_3=17.27MJ/m^2$，$J_4=21.04MJ/m^2$				

7.3.3 效益分析

1. 环境效益

根据项目全年常规能源替代量的计算结果，项目的全年常规能源替代量为 168.9t 标准煤。项目二氧化碳减排量、二氧化硫减排量、烟尘减排量统计如表 2-7-6 所示。

项目环境效益统计表 表 2-7-6

参数	标煤节约量（t/a）	CO_2 减排量（t/a）	SO_2 减排量（t/a）	烟尘减排量（t/a）
数值	168.9	417.2	3.38	1.69

2. 经济效益

根据太阳能光热系统全年常规能源替代量的计算结果，太阳能光热系统全年常规能源替代量为 168.9t 标准煤，折算成发电量为 52 万 kWh，目前三亚市电价为 0.6 元/kWh，则每年该项目节约的费用为 315701 元。

7.4 项目总结

项目使用的太阳能热水系统充分利用屋面安装布置集热器，最大限度地利用太阳能的优势。经测试项目全年太阳能保证率为 58%，系统能够保障居民生活热水需求，全年常规能源替代量为 168.9t 标准煤，CO_2 减排量为 417.2t/a，SO_2 减排量为 3.38t/a，烟尘减排量为 1.69t/a，项目若用当年电价核算，每年节约的费用为 315701 元，具有很好的经济效益和社会效益。

8. 海南圣巴厘康复中心项目

建筑类型：公共建筑
系统类型：集中式供热水系统
运行方式：直接式、强制循环带空气源热泵为辅助热源

8.1 项目概况

海南圣巴厘康复中心项目位于三亚市高新技术产业园区吉阳大道 188 号。项目由 4 栋疗养楼组成，项目为每栋建筑各安装了 1 套太阳能热水系统，共安装了 4 套太阳能热水系统，其中 1 号楼为地上 14 层，安装了 632.4m² 太阳能集热器，2 号、3 号楼均为地上 22 层，均安装了 440.2m² 太阳能集热器，4 号楼为地上 20 层，安装了 471.2m² 太阳能集热器。项目总建筑面积 71449.75m²，太阳能热水系统示范应用面积 61144.83m²。海南圣巴厘康复中心项目鸟瞰图如图 2-8-1 所示。

图 2-8-1　海南圣巴厘康复中心项目鸟瞰图

项目共安装了 4 套太阳能热水系统，共计 320 组集热器，集热器总面积 1984.0m²，集热器轮廓采光面积 1664.0m²，集热器安装在屋顶框架上，集热器倾角为 18°。

8.2 技术方案

8.2.1 系统设计

海南圣巴厘康复中心项目太阳能热水系统设计，选用真空管集热器 SLL-4715/50 太阳

能集热器。1号楼～4号楼为疗养楼，采用开式太阳能热水系统。项目设计日用热水总量为80.7t，其中1号楼设计日用热水18.5t，2号楼设计日用热水21.6t，3号楼设计日用热水19.5t，4号楼设计日用热水21.1t。设计太阳能集热系统与空气源热泵互补来提供热水，为以便满足热水需求，屋顶集热器布置如图2-8-2所示。

图2-8-2　海南圣巴厘康复中心屋顶集热器布置

8.2.2　主要设备及性能参数

1号楼太阳能生活热水系统主要设备表　　　　表2-8-1

序号	项目名称	单位	数量	备注
1	集热系统			
1.1	真空管型集热器	m²	248	集热器效率为50%，创意博 SLL4715-50
1.2	太阳能保温水箱	个	1	有效容积70.8m³，内外304系列不锈钢材质
1.3	供水增压泵	台	1	流量6.9t/h，扬程25m，功率600W 威乐：PUN-600E
1.4	水箱间循环泵	台	1	流量6.9t/h，扬程15m，功率250W 威乐：PH-253E
1.5	集热循环泵	台	3	流量19.5t/h，扬程19m，功率250W 威乐：PH-403E
1.6	控制系统	套	1	全制动控制创意博 CA0
2	其他配件			
2.1	电磁阀	个	2	DN40，DN50
2.2	PP-R（内不锈钢管）	批	1	DN25、32、40、50
2.3	管材管件	批	1	DN25、32、40、50
2.4	管道保温棉	批	1	DN25、32、40、50
2.5	铝皮	批	1	0.2厚
2.6	角铁	批	1	L40×4 热镀锌
2.7	阀门	批	1	DN25、32、40埃美柯
2.8	黄铜连接件	批	1	DN20
2.9	综合布线	批	1	

2号楼太阳能生活热水系统主要设备表

表 2-8-2

序号	项目名称	单位	数量	备注
1	集热系统			
1.1	真空管型集热器	m²	290	集热器效率为50% 创意博 SLL4715-50
1.2	太阳能保温水箱	个	1	有效容积33m³，内外304系列不锈钢材质
1.3	供水增压泵	台	1	流量6.9t/h，扬程25m，功率600W 威乐：PUN-600E
1.4	集热循环泵	台	3	流量19.5t/h，扬程19m，功率250W 威乐：PH-101E
1.5	控制系统	套	1	全制动控制创意博 CA0
2	辅助能源			
2.1	空气源热泵	台	2	制热量57kW，SYE-SKR-15
2.2	热泵循环泵	台	2	流量19.5T/h，扬程19m，功率250W 威乐：PH-403E
3	其他配件			
3.1	电磁阀	个	2	DN40，DN50
3.2	PP-R（内不锈钢管）	批	1	DN25、32、40、50
3.3	管材管件	批	1	DN25、32、40、50
3.4	管道保温棉	批	1	DN25、32、40、50
3.5	铝皮	批	1	0.2厚
3.6	角铁	批	1	L40×4 热镀锌
3.7	阀门	批	1	DN25、32、40 埃美柯
3.8	黄铜连接件	批	1	DN20
3.9	综合布线	批	1	

3号楼太阳能生活热水系统主要设备表

表 2-8-3

序号	项目名称	单位	数量	备注
1	集热系统			
1.1	真空管型集热器	m²	262	集热器效率为50% 创意博 SLL4715-50
1.2	太阳能保温水箱	个	1	有效容积33m³，内外304系列不锈钢材质
1.3	供水增压泵	台	1	流量6.9t/h，扬程25m，功率600W 威乐：PUN-600E
1.4	集热循环泵	台	3	流量19.5t/h，扬程19m，功率250W 威乐：PH-101E
1.5	控制系统	套	1	全制动控制创意博 CA0
2	辅助能源			
2.1	空气源热泵	台	2	制热量57kW，SYE-SKR-15
2.2	热泵循环泵	台	2	流量19.5T/h，扬程19m，功率250W 威乐：PH-403E
3	其他配件			
3.1	电磁阀	个	2	DN40，DN50
3.2	PP-R（内不锈钢管）	批	1	DN25、32、40、50
3.3	管材管件	批	1	DN25、32、40、50
3.4	管道保温棉	批	1	DN25、32、40、50
3.5	铝皮	批	1	0.2厚
3.6	角铁	批	1	L40×4 热镀锌

续表

序号	项目名称	单位	数量	备注
3.7	阀门	批	1	$DN25$、32、40 埃美柯
3.8	黄铜连接件	批	1	$DN20$
3.9	综合布线	批	1	

4 号楼太阳能生活热水系统主要设备表 表 2-8-4

序号	项目名称	单位	数量	备注
1	集热系统			
1.1	真空管型集热器	m²	284	集热器效率为 50% 创意博 SLL4715-50
1.2	太阳能保温水箱	个	1	有效容积 33m³，内外 304 系列不锈钢材质
1.3	供水增压泵	台	2	流量 6.9t/h，扬程 25m，功率 600W 威乐：PUN-600E
1.4	集热循环泵	台	3	流量 19.5t/h，扬程 19m，功率 250W 威乐：PH-101E
1.5	控制系统	套	1	全制动控制创意博 CA0
2	辅助能源			
2.1	空气源热泵	台	2	制热量 57kW，SYE-SKR-15
2.2	热泵循环泵	台	2	流量 19.5t/h，扬程 19m，功率 250W 威乐：PH-403E
3	其他配件			
3.1	电磁阀	个	2	$DN40$，$DN50$
3.2	PP-R（内不锈钢管）	批	1	$DN25$、32、40、50
3.3	管材管件	批	1	$DN25$、32、40、50
3.4	管道保温棉	批	1	$DN25$、32、40、50
3.5	铝皮	批	1	0.2 厚
3.6	角铁	批	1	$L40×4$ 热镀锌
3.7	阀门	批	1	$DN25$、32、40 埃美柯
3.8	黄铜连接件	批	1	$DN20$
3.9	综合布线	批	1	

8.2.3　系统运行原理

　　项目太阳能热水系统由两个子系统构成：太阳能集热系统和空气源热泵热水系统。当热水需求量超过设计日耗量或天气原因造成产能不足时，启动空气源热泵热水系统作为辅助补充。太阳能集热系统采用温差循环方式，当太阳能集热器顶端温度 T_1—太阳能加热水箱 $T_2 > 5℃$，系统启动太阳能循环泵 P_1，将保温水箱中的热水与集热器中的热水进行循环交换，当集热器 $T_1 = T$ 时，循环泵 P_1 自动停止。通过此方式逐渐将保温水箱中的水升温。

　　（1）太阳能加热水箱补水采用温度和水位控制：

　　温度控制：当太阳能加热水箱水温高于 55℃，开启补水电磁阀 E1，为保温水箱补水，保温水箱水温低于 50℃，停止补水，直到保温水箱水位至 S1 结束。

　　水位控制：当加热水箱水位低于 S3 警戒水位，开启补水电磁阀 E1，给保温水箱紧急补水至 S1。

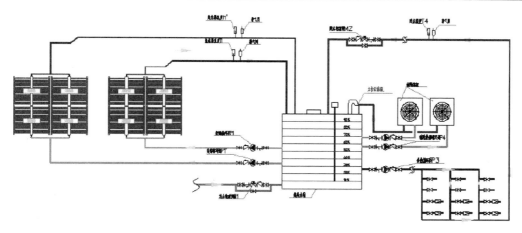

图 2-8-3　真空管型太阳能光热系统原理图

（2）辅助加热系统：系统备有空气源热泵设备，当保温水箱的稳定低于设定温度（如50℃可调）时，空气源热泵自动启动加热，当达到设定温度时停止。

（3）定温回水和实时补水系统：

定温回水：当客房水管的温度低于40℃时，启动回水电磁阀，回水直接回入太阳能保温水箱。

实时补水：当保温水箱的水位降低至设定水位 S1 时，启动水泵对保温水箱进行补水，使保温水箱始终保持满水状态。

8.3　性能评估

8.3.1　太阳能保证率

全年太阳能保证率 　　　　　　　　　　　　　　　　　表 2-8-5

序号	检验项目	当日太阳累计辐照量（MJ/m^2）			
		$J<8$	$8\leqslant J<13$	$13\leqslant J<18$	$J\geqslant18$
1	天数（X_1、X_2、X_3、X_4）	98	57	65	145
2	当日实测太阳能保证率（f_1、f_2、f_3、f_4）	20%	37%	65%	89%
3	全年太阳能保证率 $f_{全年}$	58%			
备注	当日太阳累计辐照量指集热器表面太阳总辐射表的检测数据，检测时间以达到要求的太阳累计辐照量为止。项目实测四天的当日太阳累计辐照量分别为 $J_1=7.86MJ/m^2$，$J_2=12.85MJ/m^2$，$J_3=17.64MJ/m^2$，$J_4=22.62MJ/m^2$				

8.3.2　常规能源替代量

常规能源替代量 　　　　　　　　　　　　　　　　　表 2-8-6

序号	检验项目	当日太阳累计辐照量（MJ/m^2）			
		$J<8$	$8\leqslant J<13$	$13\leqslant J<18$	$J\geqslant18$
1	天数（X_1、X_2、X_3、X_4）	98	57	65	145

序号	检验项目	当日太阳累计辐照量（MJ/m²）			
		$J<8$	$8{\leqslant}J<13$	$13{\leqslant}J<18$	$J{\geqslant}18$
2	3♯楼当日实测集热系统得热量（Q_1、Q_2、Q_3、Q_4）MJ	929.9	1716.0	2983.2	4079.1
3	项目整体当日实测集热系统得热量（Q_1、Q_2、Q_3、Q_4）MJ	4185.3	7697.7	13502.4	18443.4
4	全年常规能源替代量 A（吨标准煤）	392.4			
备注	当日太阳累计辐照量指集热器表面太阳总辐射表的检测数据，检测时间以达到要求的太阳累计辐照量为止。项目实测四天的当日太阳累计辐照量分别为 $J_1=7.86\text{MJ/m}^2$，$J_2=12.85\text{MJ/m}^2$，$J_3=17.64\text{MJ/m}^2$，$J_4=22.62\text{MJ/m}^2$				

8.3.3　效益分析

1. 环境效益

根据项目全年常规能源替代量的计算结果，项目的全年常规能源替代量为 392.4t 标准煤。项目二氧化碳减排量、二氧化硫减排量、烟尘减排量统计如表 2-8-7 所示。

项目环境效益统计表　　　　　　　　　　　　　　　　　表 2-8-7

参数	标煤节约量（t/a）	CO_2 减排量（t/a）	SO_2 减排量（t/a）	烟尘减排量（t/a）
数值	392.4	969.2	7.85	3.92

2. 经济效益

根据太阳能光热系统全年常规能源替代量的计算结果，太阳光热系统全年常为 392.4t 标准煤，折算成发电量为 116 万 kWh，目前三亚市电价为 0.6 元/kWh，则每年该项目节约的费用为 700714 元。

8.4　项目总结

海南圣巴厘康复中心项目使用的太阳能热水系统，充分利用屋面安装布置集热器，最大限度地利用了太阳能的优势。经测试该项目全年太阳能保证率为 58%，全年常规能源替代量为 392.4t 标准煤，CO_2 减排量为 969.2t/a，SO_2 减排量为 7.85t/a，烟尘减排量为 3.92t/a，年节约费用 700714 元，项目具有很好的经济效益和社会效益。

9. 亚龙湾旅游文化综合体一期（AC-1 地块）项目

建筑类型：居住建筑（商品房）
系统类型：多层公寓：集中式供热水系统
　　　　　联排别墅：分散式供热水系统
运行方式：多层公寓：间接式、强制循环带电辅助能源
　　　　　联排别墅：间接式、强制循环带电辅助能源

9.1　项目概况

亚龙湾旅游文化综合体一期（AC-1 地块）项目位于三亚市吉阳镇亚龙湾开发区椰风路。项目包括 2 栋高 6 层的公寓楼和 60 栋低层独立式别墅，其中每栋公寓各为 5 个单元，每栋公寓楼各安装了 6 套太阳能热水系统；项目为每栋别墅各安装一套太阳能热水系统。项目共安装了 72 套太阳能热水系统，总建筑面积 46634.91m²，太阳能热水系统应用示范面积 21880.98m²。

亚龙湾旅游文化综合体一期（AC-1 地块）项目共有两种太阳能热水系统类型，公寓采用间接式、强制循环带电辅助能源的集中集热分户贮热太阳能热水系统，采用平板型太阳能集热器为集热元件；别墅采用间接式、强制循环带电辅助能源的太阳能热水系统，采用平板型太阳能集热器为集热元件。

1. 多层公寓太阳能热水系统

多层公寓共安装了 12 套太阳能热水系统，系统采用平板型太阳能集热器为集热元件，共安装了 288 组平板型太阳能集热器，集热器总面积 576.0m²，总轮廓采光面积 547.2m²。集热器安装在屋顶钢架上，集热器安装倾角为 20°。1 号、2 号公寓楼均配置 6

图 2-9-1　集热器布置图

个 1m³ 过渡水箱，36 个 300L 承压贮热水箱及 24 个 400L 承压贮热水箱，水箱保温采用 50mm 厚的聚氨酯。贮热水箱内置电加热，日照不足及阴雨天气时，保证生活热水供应。太阳能热水系统设计要求为每人每天提供 60℃ 的生活热水 80L。

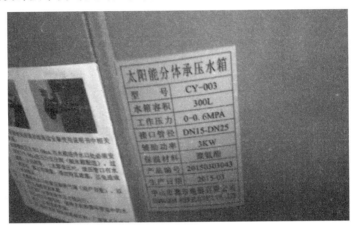

图 2-9-2　水箱型号

2. 联排别墅太阳能热水系统

联排别墅共安装了 60 套太阳能热水系统，系统采用平板型太阳能集热器为集热元件，共安装了 234 组平板型太阳能集热器，集热器总面积 468.0m²，总轮廓采光面积 444.6m²。集热器安装在屋顶屋面上，集热器安装倾角为 20°，贮热水箱放置于地下一层设备间内，贮热水箱内置电加热，日照不足及阴雨天气时，保证生活热水供应。

图 2-9-3　集热器布置图

9.2　技术方案

9.2.1　设计要求

1. 设计时主要考虑的几个问题

（1）太阳能热水器系统属于大型集体使用热水性质，设计时考虑节约使用热水减少太阳能设备投资。

（2）控制系统设计为全自动化、智能化、提供先进、可靠、稳定的太阳能热水系统，优先利用太阳能，节约能源，并具有防真空管炸管程序及炸管预处理功能。

（3）太阳能热水系统的布局与摆放应与周围的建筑物相协调，日常维护检修方便。考虑系统抗风关键设备防护、漏电保护、承重等安全问题。

（4）保证工程质量的前提下，尽可能降低工程造价，提高工程的性价比。

2. 多层公寓系统基本设计系统原理图及说明

多层公寓建筑层数地上 6 层，每层 10 户，5 户两居，5 户三居，分五个单元，每单元 1 到 6 层两人居、三人居各一户，每单元设计一个 1m³ 保温水箱，每层每户均设有单独的承压水箱用以本户热水供应，承压水箱热水水源由该单元保温水箱供给，每层每户承压水箱回水都并入回水管，经该单元保温水箱形成循环。当遇上阴雨天气，承压水箱水温度过低时，电加热启动，加热水箱中的水。具体的多层公寓太阳能系统原理图如图 2-9-4 所示。

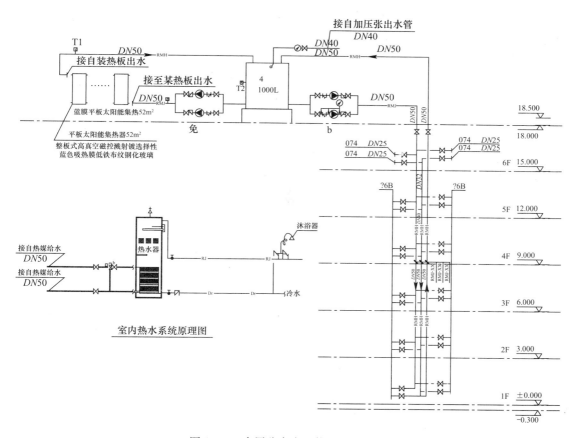

图 2-9-4　多层公寓太阳能系统原理图

太阳能系统控制说明：

（1）T1 为太阳能集热板上循环温度，T2 为每层每户承压水箱进热水，T3 为每层每户承压水箱水温，T4 为太阳能集热板下循环温度。

1）储热水箱冷水由加压泵供给。当最高水位时，电磁阀关闭；当水位与最高水位相差 100mm 时，电磁阀打开。

2）太阳能热水系统集热循环泵与温度传感器 T1、T2 连锁，当 T1－T2≥7℃（可调）时启泵；当时集热泵停泵，集热循环泵一用一备。

（2）太阳能热水系统换热循环泵与温度传感器 T2、T3 连锁，当 T2－T3≥10℃（可调）时启泵，户内支管上的电磁阀由各户控制器控制，循环泵一用一备。

（3）循环初期、干管内温度较低，先开启干管电磁阀，进行干管自循环，待 T2－T3≤5℃时，干管电磁阀关闭。否则开启。

（4）过热保护

1）当 T2≥80℃时，换热循环泵停止运行，且集热循环泵也停止运行，优先级要低于供热系统、高于集热系统；

2）当 T1≥90℃时，集热循环泵运行 10min，停 20min，防止集热面板爆管。

3. 联排别墅系统基本设计系统原理图及说明

联排别墅各户型太阳能热水系统承压水罐里的冷水接自机房预留给水，集热下循环可由水罐或机房预留给水提供。具体的联排别墅太阳能系统原理图如图 2-9-5 所示。

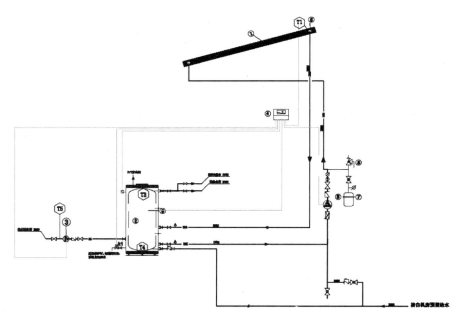

图 2-9-5　联排别墅太阳能热水系统原理图

（1）太阳能提供生活热水需求，电加热作为辅助热源。

（2）用水回路采用定温循环系统，始终保持管道中热水在设定温度。

（3）因三亚一月平均最低温度为 20.7℃，此系统不考虑防冻措施。

（4）系统防过热，若集热器出口温度高于 90℃，且水罐温度达到设定值 20min，电磁阀开启，将水罐的水排至附近地漏，以达到降温的目的。

（5）太阳能工作原理：当 T1－T4＞7℃时，启动太阳能循环泵；当 T1－T4＜3℃时，关闭太阳能循环泵；

（6）电加热辅助工作：当 T4＜55℃时，启动电加热；当 T4＞60℃时，关闭电加热

（T4 温度可设定）；

（7）热水回水工作原理：当 T5＜38℃时，启动回水循环泵 P3；当 T4＞40℃时，关闭回水循环泵 P3（T5 温度可设定）；

（8）太阳能强制循环泵受集热器高温温度与集热水箱循环出口水温差控制，并受太阳能水箱内缺水保护。

9.2.2　系统安全控制

1. 安装面荷载控制，结合建筑设计的荷载要求，集热器由支墩和支架支撑，集热器支架采用 $L40×40×4$ 国标热镀锌角钢现场制作，按防台风标准制作，集热器固定采用七字压块和一字防台风压块配和螺丝紧固，集热器铜连用生料带密封。

2. 热水安全措施：太阳能热水系统供水、回水管路、热水箱、集热器等均作保温处理，热水箱、联集箱用聚氨酯发泡保温，太阳能热水系统供水、回水管路橡塑管保温外加铝皮，减少热量的损失。

3. 日常生活用水系统保温措施：用水系统设计采用主管循环，减少每次使用前放冷水浪费，节约水源，保证热水的使用。

4. 防雷击接地安全措施：太阳能集热器支架、室外保温水箱等均采用 $C12$ 圆钢焊接并入主体防雷网上，保障雷雨天气太阳能系统设备的安全及正常使用。

9.2.3　主要设备及性能参数

集热器及太阳能等主材选型表　　　　　　　　　　　　表 2-9-1

设备详情\项目\户型	太阳能集热器			水泵			电控箱（控制器）			保温水箱		
	型号规格	数量（块）	品牌	型号规格	数量（台）	品牌	型号规格	数量（台）	品牌	型号规格	数量（个）	品牌
1 号楼（1 栋）	2000mm×1000mm×800mm	260	深圳拓日	PH-254E	20	德国威乐	—	5	深圳华旭	方形保温水箱 1m³（1m×1m×1m）/承压水箱 300L/承压水箱 400L	5/30/30	明泉/澳尔/澳尔
2 号楼（1 栋）	2000mm×1000mm×800mm	260	深圳拓日	PH-254E	20	德国威乐	—	5	深圳华旭	方形保温水箱 1m³（1m×1m×1m）/承压水箱 300L/承压水箱 400L	5/30/30	明泉/澳尔/澳尔
别墅区 A 套型（6 栋）	2000mm×1000mm×800mm	18	深圳拓日	RS15/6	12	德国威乐	—	6	双日	承压水箱 400L	6	澳尔
别墅区 B 套型（3 栋）	2000mm×1000mm×800mm	9	深圳拓日	RS15/6	6	德国威乐	—	3	双日	承压水箱 400L	3	澳尔
别墅区 C 套型（14 栋）	2000mm×1000mm×800mm	56	深圳拓日	RS15/6	28	德国威乐	—	28	双日	无盘管储热水罐 500L	14	澳尔
别墅区 D 套型（18 栋）	2000mm×1000mm×800mm	72	深圳拓日	RS15/6	36	德国威乐	—	36	双日	无盘管储热水罐 500L	18	澳尔

续表

设备详情 项目 户型	太阳能集热器			水泵			电控箱（控制器）			保温水箱		
	型号规格	数量（块）	品牌	型号规格	数量（台）	品牌	型号规格	数量（台）	品牌	型号规格	数量（个）	品牌
别墅区E套型（13栋）	2000mm×1000mm×800mm	52	深圳拓日	RS15/6	26	德国威乐	—	26	双日	无盘管储热水罐500L	13	澳尔
别墅区F套型（2栋）	2000mm×1000mm×800mm	12	深圳拓日	RS15/6、RS25/8	2、2	德国威乐	—	2	双日	无盘管储热水罐400L	4	澳尔

9.3　性能评估

9.3.1　太阳能保证率

全年太阳能保证率　　　　　　　　　　　　　　　表2-9-2

序号	检验项目	当日太阳累计辐照量（MJ/m²）			
		$J<8$	$8≤J<13$	$13≤J<18$	$J≥18$
1	天数（X_1、X_2、X_3、X_4）	98	57	65	145
2	公寓当日实测太阳能保证率（f_1、f_2、f_3、f_4）	23%	45%	79%	100%
3	别墅当日实测太阳能保证率（f_1、f_2、f_3、f_4）	27%	51%	92%	100%
4	全年太阳能保证率$f_{全年}$	公寓67%联排别墅71%			
备注	当日太阳累计辐照量指集热器表面太阳总辐射表的检测数据，检测时间以达到要求的太阳累计辐照量为止。公寓建筑实测四天的当日太阳累计辐照量分别为$J_1=7.34MJ/m^2$，$J_2=12.81MJ/m^2$，$J_3=17.88MJ/m^2$，$J_4=22.24MJ/m^2$；别墅建筑实测四天的当日太阳累计辐照量分别为$J_1=7.39MJ/m^2$，$J_2=12.83MJ/m^2$，$J_3=17.86MJ/m^2$，$J_4=22.15MJ/m^2$				

9.3.2　常规能源替代量

常规能源替代量　　　　　　　　　　　　　　　表2-9-3

序号	检验项目	当日太阳累计辐照量（MJ/m²）			
		$J<8$	$8≤J<13$	$13≤J<18$	$J≥18$
1	天数（X_1、X_2、X_3、X_4）	98	57	65	145
2	公寓当日实测集热系统得热量（Q_1、Q_2、Q_3、Q_1）MJ	119.7	238.2	414.5	537.3
3	别墅当日实测集热系统得热量（Q_1、Q_2、Q_3、Q_4）MJ	19.1	36.3	64.9	83.7
4	公寓楼整体集热系统计算得热量（Q_1、Q_2、Q_3、Q_1）MJ	1325.4	2663.7	4598.4	5963.2
5	别墅整体集热系统计算得热量（Q_1、Q_2、Q_3、Q_1）MJ	1117.1	2110.6	3811.5	4923.9
6	全年常规能源替代量A（吨标准煤）	235.1			
备注	当日太阳累计辐照量指集热器表面太阳总辐射表的检测数据，检测时间以达到要求的太阳累计辐照量为止。公寓建筑实测四天的当日太阳累计辐照量分别为$J_1=7.34MJ/m^2$，$J_2=12.81MJ/m^2$，$J_3=17.88MJ/m^2$，$J_4=22.24MJ/m^2$；别墅建筑实测四天的当日太阳累计辐照量分别为$J_1=7.39MJ/m^2$，$J_2=12.83MJ/m^2$，$J_3=17.86MJ/m^2$，$J_4=22.15MJ/m^2$				

9.3.3 常规能源替代量

1. 环境效益

根据项目全年常规能源替代量的计算结果，项目的全年常规能源替代量为 235.1t 标准煤。项目二氧化碳减排量、二氧化硫减排量、烟尘减排量统计如表 2-9-4 所示。

项目环境效益统计表 表 2-9-4

参数	标煤节约量（t/a）	CO_2 减排量（t/a）	SO_2 减排量（t/a）	烟尘减排量（t/a）
数值	235.1	580.7	4.70	2.35

2. 经济效益

（1）投资回收期计算

项目太阳能热水系统增量投资汇总表 表 2-9-5

序号	楼号	栋数	单栋报价（万元）	报价合计（万元）
1	多层度假设施 1 号楼	1	111.24	111.24
2	多层度假设施 2 号楼	1	109.59	109.59
3	别墅区 A 套型	6	1.93	11.60
4	别墅区 B 套型	4	1.95	7.79
5	别墅区 C 套型	15	2.47	37.06
6	别墅区 D 套型	19	2.41	45.87
7	别墅区 E 套型	14	2.41	33.80
8	别墅区 F 套型	2	3.07	6.13
9	合计			363.09

根据太阳能光热系统全年常规能源替代量的计算结果，太阳能光热系统全年常规能源替代量为 235.1t 标准煤，折算成发电量为 69.9 万 kWh，目前三亚市电价为 0.6 元/kWh，则每年该项目节约的费用为 419821 元，则项目静态投资回收期为 8.6 年。

（2）经济性分析

项目为小区住宅，共 251 户 628 人，配备 39.0t 水供日常生活洗澡之用，晴好天气情况下使用太阳能集中集热，阴雨天使用空气源热泵进行辅助加热。针对本系统，通过与燃气热水器、电热水器的投入与运行费用进行对比分析，太阳能热水系统具有很好的经济性，如表 2-9-6 所示。

项目经济性分析汇总表 表 2-9-6

项目 \ 装置	太阳能系统	电加热系统（电价 0.6 元/kWh）	燃气热水器（4.0 元/m³）
日产热水量（L，℃）	80L 60℃ 热水	80L 60℃ 热水	80L 60℃ 热水
使用人数	801 人	801 人	801 人
每年所用天数	365 天	365 天	365 天
初始设备投资	363.09 万元	106.80 万元	213.60 万元
设备使用寿命（年）	15 年	4 年	6 年
每年维修、材料、用电费用（元）	28.81 万元	100.07 万元	48.65 万元

续表

项目＼装置	太阳能系统	电加热系统 （电价 0.6 元/kWh）	燃气热水器 （4.0 元/m³）
15 年维修、材料、用电费用（元）	432.20 万元	1501.01 万元	729.73 万元
15 年装置总投资（元）	363.09 万元	427.20 万元	640.80 万元
15 年总费用	795.29 万元	1928.21 万元	1370.5301.25 元
有无环境污染	无	可能	可能
室内占用情况	不占用	占用	占用
特点描述	安全、方便、节能	有不安全因素、费电	有不安全因素，不节能、不环保

9.4　项目总结

　　项目多层公寓楼、别墅使用的太阳能热水系统，充分利用屋面安装布置集热器，最大限度地利用太阳能的优势，节能效果显著。经测试多层公寓楼全年太阳能保证率为 67%，别墅为 71%，系统能够保障居民生活热水需求，全年常规能源替代量为 235.1t 标准煤，CO_2 减排量为 580.7t/a，SO_2 减排量为 4.70t/a，烟尘减排量为 2.35t/a，该项目具有很好的经济效益和社会效益。

10. 三亚·半山半岛 A34 地块项目

建筑类型：居住建筑
系统类型：集中式供热水系统
运行方式：直接式、强制循环带空气源热泵辅助能源

10.1 项目概况

三亚·半山半岛 A34 地块项目位于三亚市鹿回头半岛。项目由 4 栋高 25 层的住宅楼组成，并分别为每栋建筑安装了一套太阳能热水系统，每栋建筑的太阳能热水系统为 15～25 层住户提供生活热水，1 号、2 号、3 号、4 号楼每栋建筑均安装了 177.0m² 太阳能集热器。项目总建筑面积 165315m²，太阳能热水系统应用示范面积 35339.33m²。

三亚·半山半岛 A34 地块项目的太阳能热水系统类型为直接式、强制循环带空气源热泵辅助能源的太阳能热水系统，系统采用全玻璃真空管太阳能集热器为集热元件，每个系统安装了 39 组清华阳光牌全玻璃真空管型太阳能集热器，集热器规格为 $\phi58mm \times 1800mm \times 25$ 支，以及 6 组新田牌全玻璃真空管型集热器，集热器规格为 $\phi58mm \times 1800mm \times 30$ 支。三亚·半山半岛 A34 地块项目，每栋建筑均安装了 1 套系统，项目共计 180 组集热器，集热器总面积 708.0m²，集热器轮廓采光面积 582.0m²，集热器安装在屋顶上，每个系统均配置了一个 16m³ 的贮热水箱，测试期间，贮热水箱实际容水量为 14.1m³，贮热水箱设置在屋顶设备间内，贮热水箱保温材料为 50mm 厚的聚氨酯。系统的辅助热源采用制热量为 36kW 的空气源热泵，日照不足及阴雨天气时，保证热水供应。

图 2-10-1　三亚·半山半岛 A34 地块项目示意图

图 2-10-2　项目鸟瞰图

图 2-10-3　集热器布置

10.2　技术方案

10.2.1　系统方案

生活热水采用太阳能为主、空气源热泵为辅助热源。生活热水设计小时耗热量585.48kW。生活热水系统充分考虑到利用可再生能源，在日照充足的条件下，由太阳能作为整个建筑生活热水的热源，若日照不足，由太阳能和空气源热泵联合作为整个建筑生活热水的热源，在极端条件下，则全部采用空气源热泵作为生活热水热源。太阳能集热器置于每栋楼屋顶，太阳能集热器总面积为 $720m^2$。集热器采用集热器集中布置，设置太阳能蓄热水箱形成循环。

10.2.2　工作原理

项目由 1 号楼、2 号楼、3 号楼、4 号楼 4 栋高层组成，热水系统均为开式系统，开式系统形式为集中集热供热，太阳能集热器放置屋顶、太阳能保温水箱放置屋顶设置水箱位置。系统运行原理如下：

1. 该太阳能热水系统由两个子系统构成：太阳能集热系统和空气源热泵热水系统。

当热水需求量超过设计日耗量或天气原因造成产能不足时，启动空气源热泵热水系统作为辅助补充。

2. 温差循环：当太阳能集热器顶端温度 Tn(n=1、2)—太阳能保温水箱 T＞50C，系统启动太阳能循环泵 Pn(n=1、2)，将保温水箱中的热水与集热器中的热水进行循环交换，当集热器 Tn＝T 时，循环泵 Pn 自动停止。

3. 温度控制：当太阳能保温水箱水温高于设定温度时如 60℃时（可调），开启补水循环泵，为保温水箱补水，保温水箱水温低于设定温度时如 55℃时（可调），停止补水，直到保温水箱水位至 S1 结束。

4. 水位控制：当保温水箱水位低于 S3 警戒水位时，开启补水电磁阀 E1，给保温水箱紧急补水至 S1。

5. 定温回水：当客房水管的温度低于 45℃时，高区部分启动回水电磁阀、低区启动回水泵，回水直接回入太阳能加热水箱。

6. 实时补水：当保保温水箱的水位降低至设定水位 S2 时，启动补水电磁阀对保温水箱进行补水，使保温水箱始终保持满水状态。

7. 辅助加热：系统备有空气源热泵辅助加热，当保温水箱的温度低于设定温度（如 50℃，可调）时，空气源热泵自动启动加热，当达到设定温度时停止。

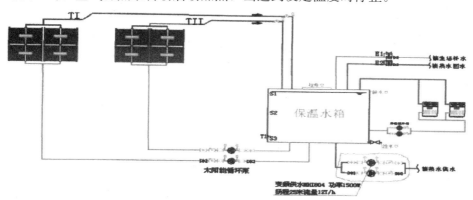

图 2-10-4　太阳能生活热水系统原理图

10.3　性能评估

10.3.1　太阳能保证率

全年太阳能保证率计算如表 2-10-1。

全年太阳能保证率　　　　　　　　　　　　　　　　表 2-10-1

序号	检验项目	当日太阳累计辐照量（MJ/m²）			
		$J<8$	$8 \leqslant J<13$	$13 \leqslant J<18$	$J \geqslant 18$
1	天数（X_1、X_2、X_3、X_4）	98	57	65	145
2	2 号楼日实测太阳能保证率（f_1、f_2、f_3、f_4）	17%	40%	58%	78%
3	全年太阳能保证率 $f_{全年}$	49%			

续表

序号	检验项目	当日太阳累计辐照量（MJ/m²）			
		$J<8$	$8≤J<13$	$13≤J<18$	$J≥18$
备注	当日太阳累计辐照量指集热器表面太阳总辐射表的检测数据，检测时间以达到要求的太阳累计辐照量为止。实测四天的当日太阳累计辐照量分别为 $J_1=7.38MJ/m²$，$J_2=12.24MJ/m²$，$J_3=17.35MJ/m²$，$J_4=21.41MJ/m²$				

10.3.2 常规能源替代量

常规能源替代量 表 2-10-2

序号	检验项目	当日太阳累计辐照量（MJ/m²）			
		$J<8$	$8≤J<13$	$13≤J<18$	$J<8$
1	天数（X_1、X_2、X_3、X_4）	98	1	天数（X_1、X_2、X_3、X_4）	98
2	2号楼当日实测集热系统得热量（Q_1、Q_2、Q_3、Q_4）MJ	367.7	2	2号楼当日实测集热系统得热量（Q_1、Q_2、Q_3、Q_4）MJ	367.7
3	项目整体集热系统计算得热量（Q_1、Q_2、Q_3、Q_4）MJ	1460.5	3	项目整体集热系统计算得热量（Q_1、Q_2、Q_3、Q_4）MJ	1460.5
4	全年常规能源替代量 A（吨标准煤）	133.3			
备注	当日太阳累计辐照量指集热器表面太阳总辐射表的检测数据，检测时间以达到要求的太阳累计辐照量为止。实测四天的当日太阳累计辐照量分别为 $J_1=7.38MJ/m²$，$J_2=12.24MJ/m²$，$J_3=17.35MJ/m²$，$J_4=21.41MJ/m²$				

10.3.3 效益分析

1. 环境效益

根据项目全年常规能源替代量的计算结果，项目的全年常规能源替代量为 133.3t 标准煤。项目二氧化碳减排量、二氧化硫减排量、烟尘减排量统计如表 2-10-4 所示。

项目环境效益统计表 表 2-10-3

参数	标煤节约量（t/a）	CO_2 减排量（t/a）	SO_2 减排量（t/a）	烟尘减排量（t/a）
数值	133.3	329.3	2.67	1.33

2. 经济效益

项目太阳能热水系统增投资汇总表 表 2-10-4

序号	楼号	太阳能集热器部分	空气源热泵部分	其他部分	合价（万元）
1	1号	12.67	48.00	11.26	28.73
2	2号	12.67	48.00	11.26	28.73
3	3号	12.67	48.00	11.26	28.73
4	4号	12.67	48.00	11.26	28.73
5	合计	50.67	19.20	45.06	114.93

根据太阳能光热系统全年常规能源替代量的计算结果，太阳能光热系统全年常规能源替代量为 225.1t 标准煤，折算成发电量为 39.6 万 kWh，目前三亚市电价为 0.6 元/kWh，

则每年该项目节约的费用为 238036 元,静态投资回收期为 4.8 年。

10.4 项目总结

项目使用的太阳能热水系统,充分利用屋面安装布置集热器,最大限度地利用太阳能的优势,节能效果显著。经测试公寓楼全年太阳能保证率 49%,系统能够保障居民生活热水需求,全年常规能源替代量为 133.3t 标准煤,CO_2 减排量为 329.3t/a,SO_2 减排量为 2.67t/a,烟尘减排量为 1.33t/a,项目具有很好的经济效益和社会效益。

11. 国家安全部海南三亚 124 项目

建筑类型：公共建筑
系统类型：集中式供热水系统
运行方式：直接式、强制循环带空气源热泵辅助加热

11.1 项目概况

国家安全部海南三亚 124 项目位于三亚市海坡片区三亚湾控规路，项目在一号工作用房、二号工作用房、三号工作用房（4 栋）、综合业务楼、后勤楼各布置了一套太阳能热水系统，共 8 套太阳能热水系统，项目总建筑面积为 52140.36m²，太阳能热水系统总应用示范面积 37748.21m²。

图 2-11-1　屋顶集热器布置

图 2-11-2　屋顶集热器布置

国家安全部海南三亚 124 项目的太阳能热水系统类型为集中集热、集中供热，运行方式为直接式、温差强制循环，带空气源热泵辅助加热的太阳能热水系统。系统采用横双排全玻璃真空管型太阳能集热器为集热元件，共计 127 组集热器，集热器总面积 1016.0m²，集热器轮廓采光面积 876.3m²，集热器安装在屋顶屋面上，集热器安装倾角为 45°。综合业务楼共安装了 99 组集热器，集热器面积为 792.0m²，轮廓采光面积为 683.1m²，该热水系统配有 2 个 3m³ 的集热水箱和 1 个 90m³ 的贮热水箱。热水箱安装在屋顶，贮热水箱保温材料为 50mm 厚的聚氨酯。系统的辅助热源为空气源热泵，日照不足及阴雨天气时，保证热水供应。

11.2 技术方案

11.2.1 设计系统

太阳能热水系统是由太阳能集热器、保温水箱、控制设备、管路配件及空气源热泵辅助加热设施等五部分有机组合而成的集热供水系统。整个系统全自动运行，使用安全、运行可靠，维护方便。可根据用水量、安装场地、用户需求进行灵活的组合安装。

图 2-11-3 水箱图

图 2-11-4 水箱设置图

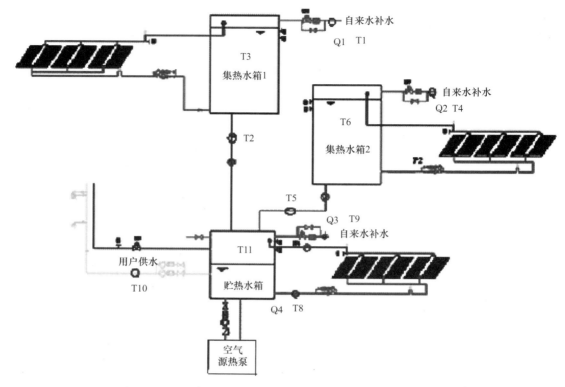

图 2-11-5　太阳能光热系统原理图及监测点布置图

11.2.2　系统工程设计

1. 集热器选型

目前国内使用的太阳能集热器主要有平板集热器、真空管集热器、热管集热器。项目选择全玻璃真空管太阳能集热器，可根据现场情况任意串并联，并根据采光面积大小合理配置水箱。系统运行便于控制，易于配置辅助加热空气源热泵系统，且用水方便，可实现24h用热水。

2. 设计确定

（1）现场安装场所

根据现场情况，冷水管或热水管及电源，集热模块安装时要进行支架找平，屋面应安装避雷接地系统。

（2）基础施工

按施工图中所标注的基础尺寸、方位、标高，放定位轴线，尺寸要求严格控制以求准确。将集热器地脚支架找平固定在定位轴线规定的位置上；集热器安装与支架安装允许偏差值≤20mm。

（3）管道及保温都采用品牌产品

主循环管、出水管采用PPR管，包裹橡塑保温，PVC外壳做保护。管道安装严格执行有关管道施工规范，确保管道沿水流方向不低于3‰的向上坡度，管口对接确保同轴度。管道支托架安装支撑在可靠的建筑结构上。

（4）热水供应

除了在太阳能加热时间供热水，智能控制器使上水系统自动启动，使太阳集热器定温向储热水箱供水，到达设定水温自动停止上水。采用循环供热水方式，保证打开淋浴喷头很快就出热水。

11.2.3 系统安全控制

1. 安装面的核载控制，结合建筑设计的核载要求，对于上人屋面和非上人屋面给予充分的计算和设计。

2. 太阳能热水系统抗风控制：根据太阳能热水系统的重量结合安装楼面的现况和三亚风级的最大风量，给予充分的计算和设计，达到与屋面有机结合和固定，达到最高最安全的抗风级别。

3. 太阳能热水系统的防雷措施：太阳能热水系统是一个比较大的钢网系统，必须考虑夏季的防雷情况，也给予充分的计算、设计、施工，做到太阳能热水系统与原来屋面的防雷系统有机结合，有效防止雷击。

4. 防漏措施：对于太阳能热水系统的安装屋面的防漏水问题，在设计、施工方面给予充分考虑，确保施工过程中不破坏屋面的防水和泄水，有效保证屋面的防漏安全和检修的方便。

5. 热水安全措施：太阳能热水系统供水、回水管路、热水箱、联集箱等均作保温处理，热水箱、联集箱用聚氨酯发泡保温，太阳能热水系统供水、回水管路用橡塑管保温外加玻璃钢铝箔防腐，减少热量的损失。

6. 日常生活用水系统保温措施：用水系统设计采用主管循环，保证一开水龙头就有热水，减少每次使用前放冷水量，节约水源，保证热水的使用。

7. 真空管防爆裂措施：太阳能集热器真空管季候太阳光，真空管内出现高温，如果突然进入冷水，就可能导致真空管突然受冷而爆裂，致使太阳能热水系统瘫痪。项目设计先进的温差循环系统，能够在真空管本身具有抗炸能力之外再加一道防温差过大的能力，充分保证真空管无温差过大的可能，防止真空管因冷热不均而产生爆炸。

8. 工程控制方式：根据用水实际情况，采用定温进水，温差循环，定温防水、防冻循环、防流溢、防雷击。

11.3 性能评估

11.3.1 太阳能保证率

全年太阳能保证率

表 2-11-1

序号	检验项目	当日太阳累计辐照量（MJ/m²）			
		$J<8$	$8 \leqslant J<13$	$13 \leqslant J<18$	$J \geqslant 18$
1	天数（X_1、X_2、X_3、X_4）	98	57	65	145
2	日实测太阳能保证率（f_1、f_2、f_3、f_4）	19%	40%	58%	78%

序号	检验项目	当日太阳累计辐照量（MJ/m²）			
		$J<8$	$8{\leqslant}J<13$	$13{\leqslant}J<18$	$J{\geqslant}18$
3	全年太阳能保证率 $f_{全年}$	53%			
备注	当日太阳累计辐照量指集热器表面太阳总辐射表的检测数据，检测时间以达到要求的太阳累计辐照量为止。实测四天的当日太阳累计辐照量分别为 $J_1=7.74MJ/m^2$，$J_2=12.84MJ/m^2$，$J_3=17.77MJ/m^2$，$J_4=22.65MJ/m^2$				

11.3.2　常规能源替代量

常规能源替代量　　　　　　　　　　　　　　　表 2-11-2

序号	检验项目	当日太阳累计辐照量（MJ/m²）			
		$J<8$	$8{\leqslant}J<13$	$13{\leqslant}J<18$	$J{\geqslant}18$
1	天数（X_1、X_2、X_3、X_4）	98	57	65	145
2	当日实测集热系统得热量（Q_1、Q_2、Q_3、Q_4）MJ	1822.2	850.5	1248.0	1684.8
3	项目整体集热系统计算得热量（Q_1、Q_2、Q_3、Q_4）MJ	2306.1	2291.97	4288.42	4652.6
4	全年常规能源替代量 A（吨标准煤）	226.2			
备注	当日太阳累计辐照量指集热器表面太阳总辐射表的检测数据，检测时间以达到要求的太阳累计辐照量为止。实测四天的当日太阳累计辐照量分别为 $J_1=7.74MJ/m^2$，$J_2=12.84MJ/m^2$，$J_3=17.77MJ/m^2$，$J_4=22.65MJ/m^2$				

11.3.3　效益分析

1. 环境效益分析

根据项目全年常规能源替代量的计算结果，项目的全年常规能源替代量为 226.2t 标准煤。项目二氧化碳减排量、二氧化硫减排量、烟尘减排量统计如表 2-11-3 所示。

项目环境效益统计表　　　　　　　　　　　　　表 2-11-3

参数	标煤节约量（t/a）	CO_2 减排量（t/a）	SO_2 减排量（t/a）	烟尘减排量（t/a）
数值	226.2	558.7	4.52	2.26

2. 经济效益分析

（1）投资回收期

项目太阳能热水系统增投资汇总表　　　　　　　表 2-11-4

序号	项目	造价（元）	备注
1	综合楼	1748176.07	
2	后勤楼	202636.60	
3	工作房 1 号	103854.20	
4	工作房 2 号	36943.89	
5	工作房 3 号	147775.56	共 4 套系统
6	会议中心	60137.21	共 2 套系统
7	教学交流中心	55586.50	
	合计	2355110.66	

根据太阳能光热系统全年常规能源替代量的计算结果，该太阳能光热系统全年常规能源替代量为 226.2t 标准煤，折算成发电量为 67 万 kWh，目前三亚市电价为 0.6 元/kWh，则每年该项目节约的费用为 403929 元，静态投资回收期为 5.8 年。

（2）经济性分析

针对系统，通过与燃气热水器、电热水器的投入与运行费用进行对比分析，太阳能热水系统具有很好的经济性，如表 2-11-5 所示。

项目经济性分析汇总表 　　　　　　　　　　　　　　　　　表 2-11-5

项目装置类别	太阳能热水器	电热水器 （电价 0.6 元/kWh）	燃气热水器 （单价 2.10 元/m²）
日产热水量（L \ ℃）	160L　45℃热水	160L　45℃热水	160L　45℃热水
使用人数	4～5 人	4～5 人	4～5 人
每年所用天数	365 天	365 天	365 天
初始设备投资（元）	4000.00 元	2000.00 元	1600.00 元
设备使用寿命（年）	15 年	7.5 年	7.5 年
每年所需燃料动力费（元）	280.00 元（辅助空气源热泵）	1389.00 元	1260.00 元
15 年所需总燃料费（元）	4200.00 元（辅助空气源热泵）	20835.00 元	18900.00 元
15 年装置总投资（元）	4000.00 元	4000.00 元	3200.00 元
15 年总费用（元）	8200.00 元	24835.00 元	22100.00 元
有无环境污染	无	可能	有
室内占用情况	不占用	占用	占用
特点描述	安全、方便、节能	有不安全因素、费电	费气、相当安全

11.4　项目总结

项目使用的太阳能热水系统，充分利用屋面安装布置集热器，最大限度地利用太阳能的优势，节能效果显著。经测试该项目全年太阳能保证率为 53%，系统能够保障居民生活热水需求，全年常规能源替代量为 226.2t 标准煤，CO_2 减排量为 558.7t/a，SO_2 减排量为 4.52t/a，烟尘减排量为 2.26t/a，具有很好的经济效益和社会效益。

12. 三亚四季龙湾酒店

建筑类型：公共建筑（酒店宾馆）
系统类型：集中式供热水系统
运行方式：运行方式为直接式、强制循环带燃气热水锅炉辅助加热

12.1 项目概况

三亚四季龙湾酒店位于三亚市榆亚大道东侧，地上 11 层，地下 2 层，项目的总用地面积为 8585.2m²，总建筑面积为 30850m²（含地下室 10284m²），太阳能热水系统应用面积为 17720m²。三亚四季龙湾酒店项目安装了 1 套太阳能热水系统，系统类型为集中集热、集中供热，运行方式为直接式、温差强制循环，带燃气热水锅炉辅助加热的太阳能热水系统。系统采用单排全玻璃真空管型太阳能集热器为集热元件，共计 214 组集热器，集热器总面积 813.2m²，集热器安装在屋顶屋面上，集热器安装倾角为 25°。系统配有 1 个 50m³ 的集热水箱和一个 15m³ 的恒温水箱，集热水箱设置在地下室，集热水箱保温材料为 50mm 厚的聚氨酯。

图 2-12-1　屋顶集热器布置图

12.2 技术方案

12.2.1 系统原理

系统采用单排全玻璃真空管型太阳能集热器为集热元件，真空管集热器吸收太阳辐射能量转换成热能，将真空管内的水加热。当集热器出口温度 T1 与水箱底部温度 T2 温差 $\Delta T \geqslant 5 \sim 8^{\circ}C$ 时，集热循环泵开启，当 $\Delta T \leqslant 3^{\circ}C$ 集热循环泵停止运行，反复循环，使贮热水箱水温不断升高。系统供水采用自动增压泵供水。当由用户开启喷头洗浴时，给水增压泵

开启供水。在回水管末端设置温度 T0，当恒温水箱温度大于等于 50℃，同时 T0≤38℃时，回水电磁阀开启，自动增压泵启动，当 T0≥40℃时，自动增压泵停止运行，电磁阀关闭。

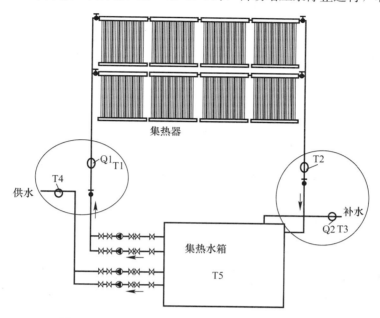

图 2-12-2　太阳能光热系统原理图及监测点布置图

12.2.2　系统工程设计

1. 太阳能热水系统加热

在光照条件下，当太阳集热器内水温达到设定水温时（可在 0～100℃任意设定，一般设定在 45～55℃之间），智能控制器使供冷水电磁阀（也可选用水泵，下同）自动打开，自来水进入太阳集热器底部，同时将太阳集热器顶部达到设定温度的热水顶入储热水箱；当太阳集热器顶部水温低于设定温度时（一般定在 40～45℃之间），智能控制器使供冷水电磁阀自动关闭。如此运行，不断将达到设定温度的热水顶入储热水箱储存。

2. 太阳能温差循环加热

当储热水箱水满时，为了防止水满溢流，智能控制器使太阳能系统自动转入温差循环。当太阳集热器水温高于储热水箱水温时，循环水泵自动启动，将储热水箱内较低温度的水泵入太阳集热器继续加热，同时将太阳集热器内较高温度的热水顶入储热水箱。如此，通过使储热水箱水温升高的方法储存太阳集热器吸收的太阳能。当用户使用热水，使储热水箱水位下降后，智能控制器使太阳能系统自动转入定温加热。

3. 自动启动辅助能源

智能控制器将随时监测储热水箱水位。在天气正常的情况下，储热水箱的水位在一天中不同的时间将达到不同的水位。如果在某一时间内，储热水箱的水位没有达到正常的水位，说明太阳能产热水不足或用户用热水过度，此时，智能控制器使辅助能源自动启动，当达到正常水位时，智能使辅助能自动停止。

4. 储热水箱水位全天 24h 不能低于最低警戒水位

除了在太阳能加热时间应达到正常水位，在每天下午达到满水位或设定水位外，在其他时间，储热水箱的水位都会不低于最低警戒水位，以保证酒店全天 24h 供热水。当过度用水使水箱水位低于最低警戒水位时，智能控制器使上水系统自动启动，使太阳集热器非定温向储热水箱供水，到达设定水位自动停止上水。

5. 储热水箱水温控制

当由于循环散热等原因，使储热水箱的水温低于设定值时（一般应设定在 45～55℃之间），智能控制器会自动根据情况选择加热方式。当太阳能正常时，自动启动太阳能循环水泵，通过太阳能加热储热水箱内的水；当太阳能不足时，自动启动辅助加热系统，加热到设定温度，辅助加热自动停止。

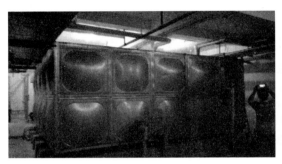

图 2-12-3 水箱设置图

12.2.3 主要设备

主要设备清单　　　　　　　　　　　　　　　表 2-12-1

序号	设备名称	规格	数量	单位	单价	合计	品牌
1	真空玻璃管	$\phi 58 \times 1800$	4800	支	35.00	168000.00	北京天普
2	联集器	$\phi 58 \times 1800 \times 24$	200	组	800.00	160000.00	
3	尾架	28×75 铝合金型材	200	个	55.00	11000.00	
4	挡风圈	58mm	4800	个	1.50	7200.00	
5	密风圈	58mm	4800	个	2.50	12000.00	
6	尾座	58mm 尼龙尾座	4800	个	3.50	16800.00	
7	集热器支架	含 5 号槽钢、基础墩、防水处理	200	套	210.00	42000.00	广西柳钢
8	合计					417000.00	

12.3 性能评估

12.3.1 太阳能保证率

全年太阳能保证率　　　　　　　　　　　　　表 2-12-2

序号	检验项目	当日太阳累计辐照量（MJ/m²）			
		$J<8$	$8 \leqslant J<13$	$13 \leqslant J<18$	$J \geqslant 18$
1	天数（X_1、X_2、X_3、X_4）	98	57	65	145
2	日实测太阳能保证率（f_1、f_2、f_3、f_4）	17%	40%	58%	78%

续表

序号	检验项目	当日太阳累计辐照量（MJ/m²）			
		$J<8$	$8\leqslant J<13$	$13\leqslant J<18$	$J\geqslant 18$
3	全年太阳能保证率 $f_{全年}$	51%			
备注	当日太阳累计辐照量指集热器表面太阳总辐射表的检测数据，检测时间以达到要求的太阳累计辐照量为止。实测四天的当日太阳累计辐照量分别为 $J_1=7.28MJ/m^2$，$J_2=12.26MJ/m^2$，$J_3=17.44MJ/m^2$，$J_4=20.83MJ/m^2$				

12.3.2 常规能源替代量

常规能源替代量　　　　　　　　　　　　表 2-12-3

序号	检验项目	当日太阳累计辐照量（MJ/m²）			
		$J<8$	$8\leqslant J<13$	$13\leqslant J<18$	$J\geqslant 18$
1	天数（X_1、X_2、X_3、X_4）	98	57	65	145
2	当日实测集热系统得热量（Q_1、Q_2、Q_3、Q_4）MJ	1449.8	850.5	1248.0	1684.8
3	项目整体集热系统计算得热量（Q_1、Q_2、Q_3、Q_4）MJ	1449.8	2291.97	4288.42	4652.6
4	全年常规能源替代量 A（吨标准煤）	145.4			
备注	当日太阳累计辐照量指集热器表面太阳总辐射表的检测数据，检测时间以达到要求的太阳累计辐照量为止。实测四天的当日太阳累计辐照量分别为 $J_1=7.28MJ/m^2$，$J_2=12.26MJ/m^2$，$J_3=17.44MJ/m^2$，$J_4=20.83MJ/m^2$				

12.3.3 效益分析

1. 环境效益

根据项目全年常规能源替代量的计算结果，项目的全年常规能源替代量为 145.4t 标准煤。项目二氧化碳减排量、二氧化硫减排量、烟尘减排量统计如表 2-12-4 所示。

项目环境效益统计表　　　　　　　　　　　　表 2-12-4

参数	标煤节约量（t/a）	CO_2 减排量（t/a）	SO_2 减排量（t/a）	烟尘减排量（t/a）
数值	145.4	359.1	2.91	1.45

2. 经济效益

项目太阳能热水系统增投资汇总表（万元）　　　　　　表 2-12-5

1	太阳能主设备	41.70
2	太阳能辅助设备	17.46
3	税前造价	59.16
4	税金（3.3%）	1.95
5	含税总造价	61.12

根据太阳能光热系统全年常规能源替代量的计算结果，太阳能光热系统全年常规能源替代量为 145.4t 标准煤，折算成发电量为 43.2 万 kWh，目前三亚市电价为 0.6 元/kWh，则每年该项目节约的费用为 259643 元，静态投资回收期为 2.4 年。

12.4　项目总结

　　项目使用的太阳能热水系统，充分利用屋面安装布置集热器，最大限度地利用太阳能的优势。酒店宾馆太阳能热水系统节能效果显著。经测试该项目全年太阳能保证率为51%，系统能够保障酒店日常热水需求，全年常规能源替代量为 145.4t 标准煤，CO_2 减排量为 359.1t/a，SO_2 减排量为 2.91t/a，烟尘减排量为 1.45t/a，该项目具有很好的经济效益和社会效益。

13. 三亚万科·湖心岛一期酒店项目

建筑类型：公共建筑（酒店宾馆）
系统类型：集中式供热水系统
系统类型：直接式、强制循环带空气源热泵辅助能源

13.1 项目概况

三亚万科·湖心岛一期酒店项目1号、2号、3号、4号、5号、9号楼位于三亚市迎宾路中段南侧。其中1号、9号楼均为地上9层，每栋建筑均有112套客房；3号、4号楼均为地上12层，3号楼共168套客房，4号楼共156套客房；2号、5号楼均为地上10

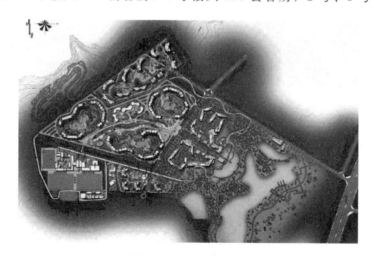

图 2-13-1　项目规划图

图 2-13-2　项目效果图

层，2 号楼共 117 套客房，5 号楼共 156 套客房。项目总建筑面积 52753.06m²，太阳能热水系统应用示范面积 48980.57m²。

三亚万科·湖心岛一期酒店项目 1 号、2 号、3 号、4 号、5 号、9 号楼太阳能热水系统类型为直接式、强制循环带空气源热泵辅助能源的太阳能热水系统，系统采用横双排全玻璃真空管型太阳能集热器为集热元件，集热器规格为 φ58mm×1800mm×50 支。1 号、2 号、3 号、4 号、5 号、9 号楼共安装了 6 套太阳能热水系统，共计 268 组集热器，集热器总面积 1983.2m²，集热器轮廓采光面积 1742.0m²，集热器安装在屋顶屋面上。系统贮热水箱安装在屋顶，贮热水箱保温材料为 50mm 厚的聚氨酯。系统的辅助热源为空气源热泵，日照不足及阴雨天气时，保证热水供应。太阳能热水系统设计要求为：每套客房 2 人，为每人每天提供 60℃的生活热水 90L。

图 2-13-3　屋顶集热器布置

13.2　技术方案

13.2.1　设计要求

1. 考虑到本地区气候和住户使用的特点，酒店客房最高日用水定额取《建筑给水排水设计规范》GB 50015—2009 中的中间值 90L/人·d，按照要求每间客房为 2 人/间。

2. 本实施方案以各栋楼日热水（60℃）用量作为计算依据。

3. 淋浴器和洗脸盆混合水嘴的最低工作压力取 0.05～0.10MPa；

4. 系统的最高水温控制为 60℃，对系统用水不作水质处理，为此，集热器面积与循环泵必须合理匹配。

5. 由于使用对象对供水温度的波动不甚敏感，除了为保证安全，避免发生烫伤，应实行供水水温自动控制外，不设其他自控系统。

6. 集热器的使用寿命达十年左右，集热器等外露设备、构件和管道安装应保持与建筑统一和谐，安全可靠，不得影响建筑结构的承载、防护、保温、防水、排水等功能，并为设备管道检修、构件更换提供足够空间。

图 2-13-4　水箱设置图

7. 采用节能型辅助加热设备，适当满足无日照时的热水需求。为此采取如下措施：

（1）热水供应量按定额规定值的下限，即每人每日 90L 计算；

（2）使用人数减半计算；

（3）热水温度按 50℃ 计算；

（4）采用空气源热泵系统，设备的能效比不得低于 4.0。

13.2.2　系统选定

系统采用横双排全玻璃真空管型太阳能集热器为集热元件，太阳能集热器吸热体吸收太阳辐射能量转换成热能，当真空管集热器出口水温与贮热水箱水温相差大于 8℃ 时（温差可调），系统自动开启集热循环泵；当真空管集热器出口水温与贮热水箱相差 3℃ 时（温差可调），系统自动停止集热循环泵，反复循环，使贮热水箱水温不断升高。当用户需要用热水时，系统通过安装在供热管道上的压力传感器来控制供热水泵的启停，当供热管道压力低于设定值时，系统自动开启供热水泵，当供热水管道高于设定值时，系统自动停止供热水泵。当储热水箱热量不足或日照不足及阴雨天气时，启动空气源热泵，保证热水供应。

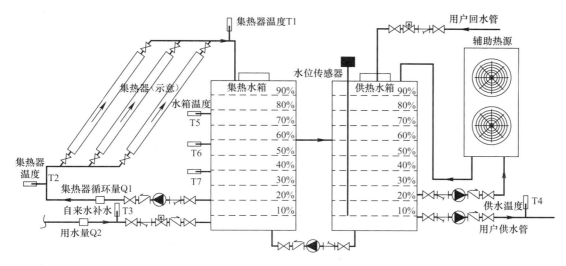

图 2-13-5　系统原理图

　　系统遵循节水节能、经济实用、安全可靠、维护简便、美观协调、便于维护的原则、根据使用特点、用水点分布情况，选定太阳能热水供应系统形式如下：

　　1. 采用直接式系统；热水供应范围限定为各单栋建筑，实施集中式供水。

　　2. 采用分离式系统，集热器与储水箱分开设置；集热系统采用强制循环双水箱系统。

　　3. 系统设置自动或手动启动空气源热泵辅助热源。

13.3　性能评估

13.3.1　太阳能保证率

全年太阳能保证率　　　　　　　　　　　　　　　　表 2-13-1

序号	检验项目	当日太阳累计辐照量（MJ/m²）				平均值
		$J<8$	$8{\leqslant}J<13$	$13{\leqslant}J<18$	$J{\geqslant}18$	
1	天数（X_1、X_2、X_3、X_4）	98	57	65	145	
2	1号楼当日实测太阳能保证率（f_1、f_2、f_3、f_4）	22%	43%			
3	3号楼当日实测太阳能保证率（f_1、f_2、f_3、f_4）	20%	39%	58%	78%	
4	全年太阳能保证率 $f_{全年}$	/				63%
备注	当日太阳累计辐照量指集热器表面太阳总辐射表的检测数据，检测时间以达到要求的太阳累计辐照量为止。1号楼实测四天的当日太阳累计辐照量分别为 $J_1=7.11MJ/m^2$，$J_2=12.67MJ/m^2$，$J_3=17.52MJ/m^2$，$J_4=21.15MJ/m^2$；3号楼实测四天的当日太阳累计辐照量分别为 $J_1=7.14MJ/m^2$，$J_2=12.65MJ/m^2$，$J_3=17.54MJ/m^2$，$J_4=21.18MJ/m^2$。					

13.3.2　常规能源替代量

常规能源替代量　　　　　　　　　　　　　　　　表 2-13-2

序号	检验项目	当日太阳累计辐照量（MJ/m²）			
		$J<8$	$8{\leqslant}J<13$	$13{\leqslant}J<18$	$J{\geqslant}18$
1	天数（X_1、X_2、X_3、X_4）	98	57	65	145
2	1号当日实测集热系统得热量（Q_1、Q_2、Q_3、Q_4）MJ	632.1	1227.2	2187.5	2748.9
3	3号当日实测集热系统得热量（Q_1、Q_2、Q_3、Q_4）MJ	813.8	1622.7	2937.2	3788.9
4	项目整体集热系统得热量（Q_1、Q_2、Q_3、Q_4）MJ	4156.0	8154.2	14624.4	18573.4
5	全年常规能源替代量 A（吨标准煤）	402.7			
备注	当日太阳累计辐照量指集热器表面太阳总辐射表的检测数据，检测时间以达到要求的太阳累计辐照量为止。1号楼实测四天的当日太阳累计辐照量分别为 $J_1=7.11MJ/m^2$，$J_2=12.67MJ/m^2$，$J_3=17.52MJ/m^2$，$J_4=21.15MJ/m^2$；3号楼实测四天的当日太阳累计辐照量分别为 $J_1=7.14MJ/m^2$，$J_2=12.65MJ/m^2$，$J_3=17.54MJ/m^2$，$J_4=21.18MJ/m^2$				

13.4 效益分析

1. 环境效益分析

根据项目全年常规能源替代量的计算结果，项目的全年常规能源替代量为402.7t标准煤。项目二氧化碳减排量、二氧化硫减排量、烟尘减排量统计如表2-13-3所示。

项目环境效益统计表　　　　　　　　　　　　　　　　表2-13-3

参数	标煤节约量（t/a）	CO_2减排量（t/a）	SO_2减排量（t/a）	烟尘减排量（t/a）
数值	402.7	994.7	8.05	4.03

2. 经济效益分析

三亚万科·湖心岛一期酒店太阳能设备采购汇总表　　　　　表2-13-4

序号	楼号	单位	数量	金额（万元）	合价（万元）	单方造价（元/m²）
1	1号	栋	1	9.69	9.69	10.13
2	2号	栋	1	9.69	9.69	10.09
3	3号	栋	1	14.28	14.28	11.41
4	4号	栋	1	13.26	13.26	11.43
5	5号	栋	1	9.69	9.69	10.27
6	6号	栋	1	10.71	10.71	10.40
7	7号	栋	1	13.26	13.26	10.72
8	8号	栋	1	9.69	9.69	9.77
9	9号	栋	1	9.69	9.69	9.80
10	合计				99.96	

三亚万科·湖心岛一期酒店太阳能设备安装汇总表　　　　　表2-13-5

序号	楼号	单位	数量	金额（万元）	合价（万元）	单方造价（元/m²）
1	1号	栋	1	22.63	22.63	23.66
2	2号	栋	1	22.70	22.70	23.64
3	3号	栋	1	21.45	21.45	17.14
4	4号	栋	1	19.65	19.65	16.94
5	5号	栋	1	18.87	18.87	20.01
6	6号	栋	1	18.26	18.26	17.74
7	7号	栋	1	21.98	21.98	17.77
8	8号	栋	1	21.42	21.42	21.59
9	9号	栋	1	18.16	18.16	18.38
10	合计				185.12	

根据太阳能光热系统全年常规能源替代量的计算结果，该太阳能光热系统全年常规能源替代量为402.7t标准煤，折算成发电量为119万kWh，目前三亚市电价为0.6元/kWh，则每年该项目节约的费用为719107元，静态投资回收期为4年。

13.5　项目总结

　　项目使用的太阳能热水系统，充分利用屋面安装布置集热器，最大限度地利用太阳能的优势。酒店宾馆太阳能热水系统节能效果显著。经测试项目全年太阳能保证率为51%，系统能够保障酒店日常热水需求，全年常规能源替代量为145.4t标准煤，项目的 CO_2 减排量为994.7t/a，SO_2 减排量为80.5t/a，烟尘减排量为4.03t/a，具有很好的经济效益和社会效益。

14. 三亚国际康体养生中心项目三期

建筑类型：公共建筑（酒店宾馆）
系统类型：集中式供热水系统
运行方式：直接式、强制循环带空气源热泵辅助能源

14.1 项目概况

三亚国际康体养生中心位于三亚市三亚学院西侧，沿河路以东，学院路以北，毗邻海南环岛高速。三亚国际康体养生中心项目三期包括10栋酒店建筑和1栋幼儿园建筑，总建筑面积115417m²，太阳能热水系统应用示范面积62019.54m²。项目分别在每个建筑安装了一套太阳能热水系统。

图 2-14-1　项目规划图

三亚国际康体养生中心项目三期太阳能热水系统形式为直接式、强制循环带空气源热泵辅助能源的太阳能热水系统，系统采用横双排全玻璃真空管型太阳能集热器为集热元件，集热器规格为 ϕ58mm×1800mm×50 支。项目共安装了11套太阳能热水系统。项目太阳能热水系统采用横双排全玻璃真空管型太阳能集热器为集热元件，11套太阳能热水系统共安装了256组横双排全玻璃真空管型太阳能集热器，集热器总面积为1894.4m²，总轮廓采光面积为1664.0m²。集热器与贮热水箱安装在屋顶屋面上，集热器安装倾角为

10°，贮热水箱保温采用 50mm 厚的聚氨酯。辅助热源采用空气源热泵，日照不足及阴雨天气时，保证生活热水供应。

图 2-14-2　屋顶集热器布置

14.2　技术方案

系统采用横双排全玻璃真空管型太阳能集热器为集热元件，太阳能集热器吸热体吸收太阳辐射能量转换成热能，当真空管集热器出口水温与贮热水箱水温相差大于 5℃时（温差可调），系统自动开启集热循环泵；当真空管集热器出口水温与贮热水箱相差 3℃时（温差可调），系统自动停止集热循环泵，反复循环，使贮热水箱水温不断升高。当用户需要用热水时，系统通过安装在供热管道上的压力传感器来控制供热水泵的启停，当供热管道压力低于设定值时，系统自动开启供热水泵，当供热水管道高于设定值时，系统自动停止供热水泵。

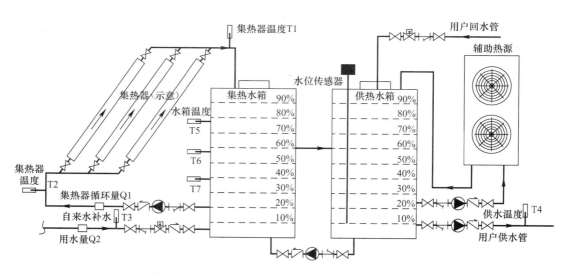

图 2-14-3　太阳能光热系统原理图及监测点布置图

14.3 性能评估

14.3.1 太阳能保证率

全年太阳能保证率   表 2-14-1

序号	检验项目	当日太阳累计辐照量（MJ/m²）				平均值
		$J<8$	$8\leqslant J<13$	$13\leqslant J<18$	$J\geqslant18$	
1	天数（X_1、X_2、X_3、X_4）	98	57	65	145	/
2	1号楼当日实测太阳能保证率（f_1、f_2、f_3、f_4）	18%	37%	60%	77%	52%
3	2号楼当日实测太阳能保证率（f_1、f_2、f_3、f_4）	18%	36%	62%	76%	52%
4	全年太阳能保证率 $f_{全年}$	/				52%
备注	当日太阳累计辐照量指集热器表面太阳总辐射表的检测数据，检测时间以达到要求的太阳累计辐照量为止。1号楼实测四天的当日太阳累计辐照量分别为 $J_1=7.36MJ/m^2$，$J_2=12.66MJ/m^2$，$J_3=17.39MJ/m^2$，$J_4=21.11MJ/m^2$；2号楼实测四天的当日太阳累计辐照量分别为 $J_1=7.33MJ/m^2$，$J_2=12.79MJ/m^2$，$J_3=17.56MJ/m^2$，$J_4=21.16MJ/m^2$					

14.3.2 常规能源替代量

常规能源替代量   表 2-14-2

序号	检验项目	当日太阳累计辐照量（MJ/m²）			
		$J<8$	$8\leqslant J<13$	$13\leqslant J<18$	$J\geqslant18$
1	天数（X_1、X_2、X_3、X_4）	98	57	65	145
2	1号楼当日实测集热系统得热量（Q_1、Q_2、Q_3、Q_4）MJ	139.7	288.6	477.2	601.0
3	2号楼当日实测集热系统得热量（Q_1、Q_2、Q_3、Q_4）MJ	535.0	1076.3	1847.3	2278.7
4	项目整体集热系统计算得热量（Q_1、Q_2、Q_3、Q_4）MJ	4041.5	8005.2	13889.7	17212.2
5	全年常规能源替代量 A（吨标准煤）	379.0			
备注	当日太阳累计辐照量指集热器表面太阳总辐射表的检测数据，检测时间以达到要求的太阳累计辐照量为止。1号楼实测四天的当日太阳累计辐照量分别为 $J_1=7.36MJ/m^2$，$J_2=12.66MJ/m^2$，$J_3=17.39MJ/m^2$，$J_4=21.11MJ/m^2$；2号楼实测四天的当日太阳累计辐照量分别为 $J_1=7.33MJ/m^2$，$J_2=12.79MJ/m^2$，$J_3=17.56MJ/m^2$，$J_4=21.16MJ/m^2$				

14.3.3 效益分析

1. 环境效益分析

根据项目全年常规能源替代量的计算结果，该项目的全年常规能源替代量为379.0t标准煤。项目二氧化碳减排量、二氧化硫减排量、烟尘减排量统计如表2-14-3所示。

项目环境效益统计表   表 2-14-3

参数	标煤节约量（t/a）	CO_2 减排量（t/a）	SO_2 减排量（t/a）	烟尘减排量（t/a）
数值	379.0	936.1	7.58	3.79

2. 经济效益分析

三亚国际康体养生中心项目三期太阳能采购工程计价汇总表　　表 2-14-4

序号	楼号	单位	数量	金额（万元）	合价（万元）	单方造价（元/m²）	备注
1	1 号	栋	1	2.30	2.30	5.09	
2	2 号	栋	1	8.67	8.67	12.89	
3	3 号	栋	1	20.40	20.40	9.87	
4	4 号	栋	1	12.75	12.75	16.63	
5	5A 号、5B 号、5C 号、5D 号	4 栋	1	12.24	12.24	11.74	
6	6A 号	栋	1	4.08	4.08	10.23	
7	6B 号	栋	1	3.57	3.57	9.80	
8	合计				64.01		

三亚国际康体养生中心项目三期太阳能安装工程计价汇总表　　表 2-14-5

序号	楼号	单位	数量	金额（万元）	合价（万元）	单方造价（元/m²）	备注
1	1 号	栋	1	8.32	8.32	18.46	
2	2 号	栋	1	21.61	21.61	32.12	
3	3 号	栋	1	42.10	42.10	20.37	
4	4 号	栋	1	30.35	30.35	39.59	
5	5A 号、5B 号、5C 号、5D 号	4 栋	1	39.03	39.03	37.42	
6	6A 号	栋	1	11.63	11.63	29.15	
7	6B 号	栋	1	11.64	11.64	31.95	
8	合计				164.68		

根据太阳能光热系统全年常规能源替代量的计算结果，太阳能光热系统全年常规能源替代量为 379.0t 标准煤，折算成发电量为 112 万 kWh，目前三亚市电价为 0.6 元/kWh，则每年项目节约的费用为 676786 元，静态投资回收期为 3.4 年。

14.4 项目总结

项目使用的太阳能热水系统，充分利用屋面安装布置集热器，最大限度地利用太阳能的优势。酒店宾馆太阳能热水系统节能效果显著。经测试该项目全年太阳能保证率为 52%，系统能够保障酒店日常热水需求，项目的全年常规能源替代量为 379.0t 标准煤，CO_2 减排量为 936.1t/a，SO_2 减排量为 7.58t/a，烟尘减排量为 3.79t/a，具有很好的经济效益和社会效益。

15. 三亚湾红树林度假会展酒店

建筑类型：公共建筑（酒店宾馆）
系统类型：集中式供热水系统
系统类型：直接式、强制循环带燃气锅炉辅助加热

15.1 项目概况

  三亚湾红树林度假会展酒店项目位于三亚河东区凤凰路南侧，项目为 6 栋会展酒店，1 号建筑为会展中心，地下 1 层，地上 3 层，无热水使用要求。2 号、3 号、6 号建筑为地下 1 层，地上 21 层，在三～十二层客房应用太阳能热水。4 号、5 号建筑为地下 2 层，地上 19 层，在三～十二层客房应用太阳能热水，客房共计 1576 间，热水使用人数 2008 人。项目统一将太阳能热水系统布置在 1 号楼，太阳能集热器设计时面积为 3830m²，受 1 号楼屋面限制，实际布置了 2160m²，系统将集热水箱放置在 1 号楼地下室内，再送往三个分配交换站，分别为 2 号楼地下室交换站供 2 号、3 号楼用户使用，5 号楼地下室交换站供 4 号、5 号楼用户使用，6 号楼地下室交换站供 6 号楼用户使用。项目总建筑面积 566123m²，太阳能热水系统应用示范面积 129347m²。

  三亚湾红树林度假会展酒店太阳能热水系统形式为直接式、强制循环带燃气锅炉辅助加热的太阳能热水系统，系统采用平板型太阳能集热器为集热元件，集热器规格为 2000mm×1000mm×80mm。三亚湾红树林度假会展酒店安装了 1 套太阳能热水系统，系统采用平板型太阳能集热器为集热元件，系统共布置了 1080 组平板型太阳能集热器，集热器总面积为 2160m²，总轮廓采光面积为 2052m²。集热器安装在屋顶上，集热器安装倾角为 15°，集热水箱设置在地下室，水箱保温采用 60mm 厚的聚氨酯。太阳能热水系统设计要求为：为每人每天提供 60℃的生活热水 120L。辅助热源采用锅炉加热，日照不足及

图 2-15-1 屋顶集热器布置

阴雨天气时，保证生活热水供应。

15.2　技术方案

15.2.1　设计要求

1. 工程概况

项目使用总人数为 2008 人，每人每天热水用水量取 120L/人·日，2 号～6 号楼最高日用水量为 2008 人×120L/人＝240960L，根据规范直接加热系统单位采光面积平均每日产水量为 40～100L/m² （此处取 40L）及系统用户 90min 设计小时耗热量计算，一块集热板最高每天产 50L 热水，根据太阳能热水系统方案设计审核表数据，太阳能集热器实际面积为 2160m²，计算得：2160m²×50L＝108000m³，其集热水箱容积为 108t。

2. 用水情况

依据《民用建筑太阳能热水系统工程技术手册》中热水消耗定额的标准：住宅按120L/人·日。

15.2.2　系统原理分析

系统采用平板型太阳能集热器为集热元件，太阳能集热器吸热体吸收太阳辐射能量转换成热能，当真空管集热器出口水温与贮热水箱水温相差大于 10℃时（温差可调），系统自动开启集热循环泵；当真空管集热器出口水温与贮热水箱相差 2℃时（温差可调），系统自动停止集热循环泵，反复循环，使贮热水箱水温不断升高。当储热水箱热量不足或日照不足及阴雨天气时，由燃气锅炉提供热量，保证热水供应。

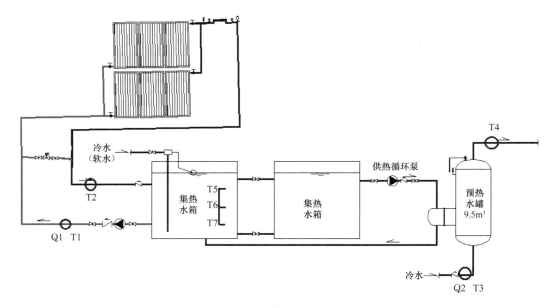

图 2-15-2　太阳能光热系统原理图

1. 设计原则

最大化利用太阳能，减少常规能源的使用量，达到节约能源的目的。

2. 设计系统组成

太阳能热水系统是由太阳能集热器、保温水箱、控制设备、管路配件等四部分有机组合而成的集热供水系统。整个系统全自动运行，使用安全、运行可靠，维护方便，可根据用水量、安装场地、用户需求进行灵活的组合安装。

3. 集热器安装形式

工程采用集中集热系统形式，太阳能利用支架与屋面楼顶平台上预留基础连接，统一布置，通过串并联方式组成集热器矩阵，系统设备放置屋面，方便管理和维护，集热器受热后通过温差循环，将热量传递到储热水箱内，完成集热循环，当储热水箱热量不足时采用辅助能源进行辅助加热，保证用户 24h 使用热水。

4. 功能运行

储热水箱设有温度参考点 T2，太阳能集热器设置温度测点 T1，当集热器温度 T1 与储热水箱水温 T2 的温差升高至 10℃时，太阳能系统水泵启动，提升储水箱温度；当集热器温度 T1 与储热水箱水温 T2 的温差降至 2℃时，太阳能系统水泵停止，完成一次集热温差循环。如此，通过使集热水箱水温升高的方法储存太阳能集热器吸收的太阳热量。

15.2.3 系统安全控制

安装面荷载控制，结合建筑设计的荷载要求，集热器由支墩和支架支撑，集热器支架采用槽钢和 $L40 \times 40 \times 4$ 国标热镀锌管现场制作，按防台风标准制作，集热器固定采用七字压块和一字防台风压块配和螺丝紧固，集热器铜连需用生料带密封。

热水安全措施：太阳能热水系统供水、回水管路、热水箱、联集箱等均做保温处理，热水箱、联集箱用聚氨酯发泡保温，太阳能热水系统供水、回水管路橡塑管保温外加铝皮，减少热量的损失。

日常生活用水系统保温措施：用水系统设计采用主管循环，尽量减少每次使用前放冷水浪费，节约水源保证热水的使用。

15.3 性能评估

15.3.1 太阳能保证率

全年太阳能保证率

表 2-15-1

序号	检验项目	当日太阳累计辐照量（MJ/m²）			
		$J<8$	$8 \leqslant J<13$	$13 \leqslant J<18$	$J \geqslant 18$
1	天数（X_1、X_2、X_3、X_4）	98	57	65	145
2	当日实测太阳能保证率（f_1、f_2、f_3、f_4）	14%	30%	50%	62%
3	全年太阳能保证率 $f_{全年}$	42%			

续表

序号	检验项目	当日太阳累计辐照量（MJ/m²）			
		$J<8$	$8{\leqslant}J<13$	$13{\leqslant}J<18$	$J{\geqslant}18$
备注	当日太阳累计辐照量指集热器表面太阳总辐射表的检测数据，检测时间以达到要求的太阳累计辐照量为止。实测四天的当日太阳累计辐照量分别为 $J_1=7.22MJ/m^2$，$J_2=12.41MJ/m^2$，$J_3=17.04MJ/m^2$，$J_4=20.12MJ/m^2$				

15.3.2　常规能源替代量

常规能源替代量　　　　　　　　　　　　表 2-15-2

序号	检验项目	当日太阳累计辐照量（MJ/m²）			
		$J<8$	$8{\leqslant}J<13$	$13{\leqslant}J<18$	$J{\geqslant}18$
1	天数（X_1、X_2、X_3、X_4）	98	57	65	145
2	当日实测集热系统得热量（Q_1、Q_2、Q_3、Q_4）MJ	4761.7	9769.2	16427.8	20158.3
3	全年常规能源替代量 A（吨标准煤）	447.1			
备注	当日太阳累计辐照量指集热器表面太阳总辐射表的检测数据，检测时间以达到要求的太阳累计辐照量为止。实测四天的当日太阳累计辐照量分别为 $J_1=7.22MJ/m^2$，$J_2=12.41MJ/m^2$，$J_3=17.04MJ/m^2$，$J_4=20.12MJ/m^2$				

15.3.3　效益分析

1. 环境效益分析

根据项目全年常规能源替代量的计算结果，项目的全年常规能源替代量为 447.1t 标准煤。项目二氧化碳减排量、二氧化硫减排量、烟尘减排量统计如表 2-15-3 所示。

项目环境效益统计表　　　　　　　　　　表 2-15-3

参数	标煤节约量（t/a）	CO_2 减排量（t/a）	SO_2 减排量（t/a）	烟尘减排量（t/a）
数值	447.1	1104.3	8.94	4.47

2. 经济效益分析

根据太阳能光热系统全年常规能源替代量的计算结果，太阳能光热系统全年常规能源替代量为 447.1t 标准煤，折算成发电量为 145 万 kWh，按照目前三亚市电价为 0.6 元/kWh，则每年该项目节约的费用为 874766 元。

15.4　项目总结

项目使用的太阳能热水系统，充分利用屋面安装布置集热器，最大限度地利用太阳能的优势。经测试，项目全年太阳能保证率为 42%，项目的全年常规能源替代量为 447.1t 标准煤，CO_2 减排量为 1104.3t/a，SO_2 减排量为 8.94t/a，烟尘减排量为 4.47t/a，具有很好的经济效益和社会效益。

第三部分　建筑节能篇
PART Ⅲ　BUILDING ENERGY EFFICIENCY

1. 三亚肯同创意工场

【办公建筑，节能率 54.85%】

1.1 项目概况

项目位于风景优美的海南省三亚创意产业园，东北侧有西线高速公路通过，南部为港口路，西部为美丽的崖洲湾，地理位置非常优越，交通状况十分便利。项目总用地面积18337.77m²，建筑面积 26362m²，设有创意中心、创意工作室、生产服务综合楼三大功能区。

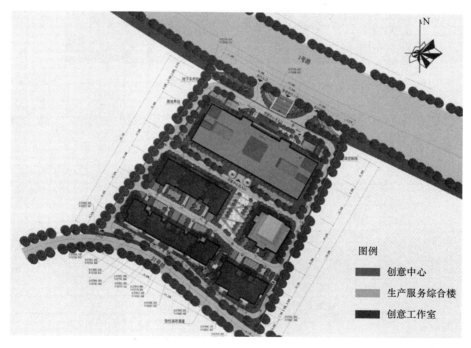

图 3-1-1 肯同创意工场项目功能分区图

创意工作室分为 6 号、8 号、9 号 3 栋楼，均为地下 1 层、地上 3 层建筑。其中 9 号创意工作室为软件开发需求分析区，地下为数据信息备份室和备用设备储存室，地上一层为需求分析区，二层为功能分配区，三层为系统分析区、系统整理区。8 号创意工作室地下一层为数据信息储存室和视频演示室，地上一层为设计研发区，二层为程序编码区，三层为系统框架设计区、数据库设计区、模块设计区、程序联调区。6 号创意工作室，地下一层为数据信息备份室和用户演示体验区，地上一层为设计研发区和程序编码区，二至三层为系统框架设计区、数据库设计区、模块设计区、程序联调区和软件功能拓展区等。

5 号创意中心为软件测试、软件交付区域。地下 1 层，地上 4 层。一层大厅为软件成品发布展示区，二层为单元测试区，三层为集成测试区和确认测试区，四层为系统测试区和验收测试区。

7 号生产服务综合楼为软件培训中心和餐厅，地下一层设置员工活动区，地上一层和二层为员工餐厅，服务于创意场区内的员工。

图 3-1-2　肯同创意工场项目鸟瞰图

肯同创意工场项目总建筑面积 26362m²，其中地上建筑面积 19118m²，地下建筑面积 7244m²，主要经济技术指标详见表 3-1-1。

肯同创意工场项目主要经济指标　　　　表 3-1-1

指标内容				单位	数值	备注
11	总用地面积			m²	18337.77	
	其中	生产综合楼占地面积		m²	626.04	≤总用地面积的 7%
22	总建筑面积			m²	26362	
	其中	地上建筑面积		m²	19118	计容建筑面积
		其中	创意中心面积	m²	11221	
			创意工作室面积	m²	6792	
			生产综合楼面积	m²	1105	
		地下建筑面积		m²	7244	
		其中	地下计容建筑面积	m²	2522	
			其中 创意工作室地下面积	m²	1917	基础埋深<3m
			生产综合楼面积	m²	605	基础埋深<3m
			地下不计容建筑面积	m²	4722	
			其中 创意中心地下面积	m²	4035	基础埋深>4m
			创意工作室地下面积	m²	687	基础埋深<3m

1.2 项目节能技术策略

1.2.1 屋顶绿化

项目除建筑物、道路占地和必要硬质地面外，尽可能以草皮满铺，同时点、线面结合种植椰子树、大王棕、小叶榕等乔木及多色彩灌木进行空间绿化，美化室外环境，提高空间品质。项目南侧种植观赏性较强的椰子树，起到空间隔断的作用，配以种植大量的灌木和草皮，起到隔声防尘的效果。

项目在创意中心屋顶实施屋顶绿化，屋顶绿化可以吸收太阳辐射热，减少太阳辐射热向大气的二次辐射，在一定程度上起到保温隔热和节能减排的作用，节约淡水资源、节省制冷、制热电费和污水处理费用。

图 3-1-3　项目绿化配置

1.2.2 自然通风

为最大限度增加绿化用地，项目在建筑西侧设置绿化植被，室外自然通风模拟显示，在冬季东北风来流风向下，在建筑西北侧形成局部涡流区，而在夏季东南风来流风向下，项目室外流场均匀流畅，无局部涡流区和气流死角区，有利于室内自然通风和污染物的排风。总体而言，在项目西侧设置绿化植被对场地内自然通风未形成不利影响。

项目夏季建筑迎风面和背风面风压差均大于3Pa，该压力条件下对室内自然通风路径进行分析，室内自然通风情况良好，可形成稳定的穿堂风，有利于夏季利用自然通风进行室内降温，减少空调使用时间，降低建筑空调能耗。

1.2.3 建筑遮阳

项目建筑外部设置遮阳构架，南北向利用水平阳台的挑板和垂直隔墙实现自遮阳，东西向利用竖向造型构件及外伸阳台满足遮阳需求。严格控制屋面、外墙、外窗屋顶透明部

179

分等围护结构的传热系数以及玻璃遮阳系数来进行辅助遮阳。此外，场地内高大的乔木、各类植物也可以起到很好的遮阳效果，为低层建筑、道路以及过往行人遮挡太阳辐射，营造更加舒适的室内、室外环境。

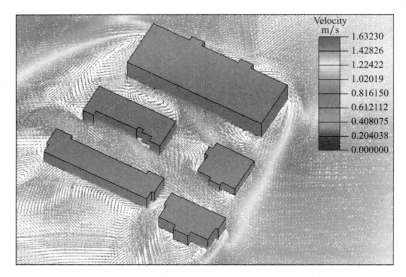

图 3-1-4　距地面 1.5m 高度流场分布图（冬季/NE/2.7m/s）

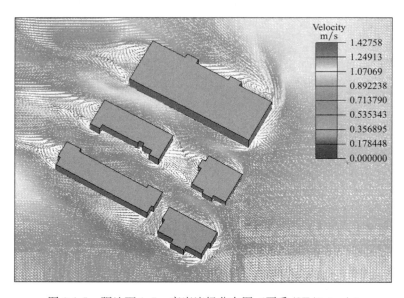

图 3-1-5　距地面 1.5m 高度流场分布图（夏季/SE/2.2m/s）

1.2.4　供配电系统

项目采用了高性能柴油发电机，SGB10 环保型高效、低损耗、低噪声的干式变压器，减少设备损耗。变压器设置在供电负荷中心，低压供电半径控制在 200m 以内，受电端电压偏差控制在 5％以内。变压器低压侧设自动投入的无功补偿装置，保证功率因数不小于0.92，每组补偿柜内设置若干组小电容组，以便对补偿进行细微调节，防止过补偿。电力

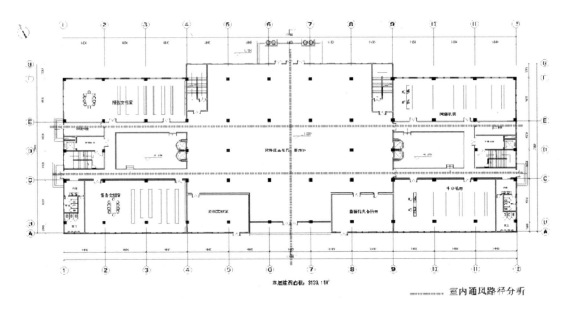

图 3-1-6　5号楼标准室内自然通风路径分析

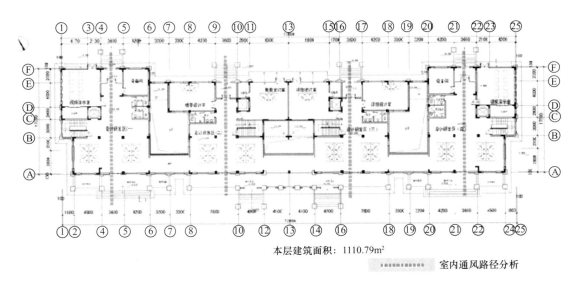

本层建筑面积：1110.79m²

图 3-1-7　8号楼标准室内自然通风路径分析

输送采用节能型电缆桥架和金属线槽，使电缆和导线在敷设过程中有良好的散热条件，在同等截面情况下提高电缆及导线的载流量，减少线路损耗，节约电缆和导线选用量。

1.2.5　照明系统

照明系统采用三相四线制供电，有利于降低线路阻抗，使建配电网的设备和导线均与用电量相匹配，降低配电系统的损耗。建筑照明充分利用自然采光，在满足照度要求下减少灯具使用数量。项目照明灯具均采用高发光率、低损耗、长寿命的新型节能灯具。照明灯具分散控制，做到按需开灯，对于环境照明设置时间继电器和光敏开关双重控制，减少

181

图 3-1-8　建筑遮阳隔热措施

用电时间。办公部分与食堂部分等其他功能用房用电系统分开进行控制，并设置分项计量表，尽可能地控制能耗。在公用设施灯具控制方式上，如走道、地下车库、路灯采取分区控制灯光或适当增加照明开关点，以减少不必要的用电。建筑门厅、电梯大堂等场所，采用夜间定时降低照度的自动调光装置。楼梯间照明采用太阳能光伏发电板，疏散楼梯照明采用节能自熄开关控制。

1.2.6　空调系统

创意工作室和生产服务综合楼设置多联机系统。创意中心空调系统采用风机盘管加新风系统，夏季供冷，冬季不供热，冷源为 2 台 YRWBWDT1550C 型水冷螺杆式冷水机组，设置在地下室，有利于部分负荷时的控制和调节。制冷机房设置在地下一层，冷冻水供、回水温度为 7℃、12℃，冷却塔置于创意中心屋面。在规划设计阶段，建筑物内外窗的形式、尺寸及位置，室内通风竖井的形式、尺寸及位置，建筑物室内的隔断高度及位置等均利于室内和室外的自然通风，过渡季节尽量利用室外新风来满足室内舒适度要求，依据房间功能特点、空调使用时间等原则进行详细的空调分区和系统设计，有效降低空调能耗。

水系统布置时最大程度减少并联环路之间的压力损失，当超过 15% 时，运用中央空调系统静态水力平衡法，主机冷源部分定流量，末端部分变流量，通过供回水管之间的压差旁通阀把多余部分水排出去，确保冷水机组的类型稳定和运行寿命，末端部分整个系统水量的变化起到节能作用，另外冷冻水泵采用变频设备，做到水力输送系统节能运行。

1.2.7　太阳能光伏系统

为了进一步加大可再生能源额利用率，项目在各楼梯间照明采用太阳能光伏照明系统，楼梯间灯具采用 LED 灯具。在每栋楼顶合适位置装设太阳能光伏板，并设置集中的铅酸蓄电池集中储能。集中蓄电池设置相应的保护措施，防止蓄电池处于亏电状态，影响寿命。每栋楼的 LED 光伏照明系统采用太阳能和市电双电源自动切换，防止太阳能不足时导致的停电问题的发生，当太阳能充足时，其电源自动切换至太阳能。

1.3 节能效果分析

1.3.1 项目能源利用

项目建筑功能主要为办公楼及其附属配套，主要用能类型包括电力、燃气及新水。计算显示，项目年总耗电量为 178.49 万 kWh，年用水量为 1.88 万 t，年消耗燃气量为 1.17 万 m^3。

1.3.2 项目的节能量

项目采取适宜的节能措施和管理手段，可获得较好的节能收益，依据项目采取的节能措施，项目在建成运营实施之后，每年将节约电量 19.57 万 kWh，节约自来水量 1.34 万 t，项目年总节能量为 25.2tce。

年节约用能主要数据表　　　　表 3-1-2

采用的 节能措施	节水量 （万 m^3/a）	节电量 （万 kWh/a）	节气量 （万 m^3/a）	折算标煤 量（t）	增量成本 （万元）	年节约运行 费用（万元）	静态投资 回收期（年）
节能灯具	—	5.93	—	7.29	6.39	4.15	1.54
太阳能光 伏系统	—	0.1	—	0.12	1.1	0.07	15.7
高能效 比空调系统	—	13.54	—	16.64	15.36	9.48	1.62
节水型器具及 雨水回收系统	1.34	—	—	1.15	3.68	1.88	1.96
总节煤量（tce）	25.2						

注：根据三亚市物价局网站，三亚市居民用电电价水平为 0.78 元/kWh，水价为 3 元/t，居民用天然气价格 3.2 元/m^3，非居民用天然气价格为 4.7 元/m^3。

1.3.3 生态效益分析

项目在规划设计阶段优化场地规划与建筑布局，保证场地内风速分布均匀、流畅，无局部气流死角，合理布置的绿化带也起到了较好的导风引流作用。建筑内部布局南北通透，有利于室内形成穿堂风，从而改善室内空气品质，降低空调能耗。并通过绿地、植草砖停车场和铺设透水砖等方式改善场地下垫面，从而有利于改善项目的微气候，取得节能减排和生态环保的双赢。

项目采用了多项节能、节水的措施，每年将节约标煤量 25.2t，各项节能措施所带来的污染物减排量如表 3-1-3 所示。

年节能减排数据表　　　　表 3-1-3

名称	CO_2（t）	SO_2（t）	NO_x（t）	烟尘（t）
排放系数（t/tce）	2.457	0.0165	0.0156	0.0096
污染物减排量	61.62	0.41	0.39	0.24

1.4　项目总结

依据项目设计方案，未采取节能措施的参照建筑和依据项目设计采取相应节能措施之后的项目年总耗能量如表 3-1-4 所示。项目通过采取节能灯具、高能效比空调系统、节水器具等节能措施和技术，项目每年的总节能量折合当量标煤为 25.2t，综合节能率为 54.85%。

节能量汇总　　　　　　　　　　　　　　　　　　　　　　表 3-1-4

序号	名称		参照建筑年能耗	项目年总能耗	节能量
1	电力	万 kWh	198.06	178.49	19.57
		tce/a（当量标煤）	243.42	219.36	24.05
2	水	万 t	3.22	1.88	1.34
		tce/a	2.76	1.61	1.15
3	燃气	万 m³	1.17	1.17	0
		tce/a	13.96	13.96	0
4	综合能耗	tce（当量标煤）	260.14	234.93	25.2

2. 金鸡岭酒店

【酒店建筑，节能率 65.87%】

2.1 项目概况

项目位于海南省三亚市内，东南侧为金鸡岭公园，南临三亚河，北侧凤凰路，东侧荔枝沟路，项目规划总用地面积为 11816.08m²。项目西南侧有 2 栋 6 层高的已建建筑，将作为酒店的后勤用房考虑。

图 3-2-1　金鸡岭酒店项目鸟瞰图

金鸡岭酒店项目总建筑面积 73527.04m²，其中计容建筑面积 35769.34m²，地下室建筑面积 28088.58m²，主要经济技术指标详见表 3-2-1。

金鸡岭酒店项目一期工程各功能区建筑面积		表 3-2-1
项目	面积	备注
规划总用地面积（按用地红线）	11816.08m²	
总建筑面积	73527.04m²	
计容建筑面积	35769.34m²	

续表

项目		面积	备注
已建建筑 4167.80m²	社区办公	1996.6m²	计容
	社区服务	2171m²	
拟建建筑面积 69359.44m²	酒店建筑面积	31601.74m²	不计容
	酒店架空层面积	4604.95m²	
	酒店空中花园面积	5064.17m²	
	酒店地下室建筑面积	28088.58m²	

其中

注：设计太阳能热水系统可补偿建筑面积 400.50m²
   不计建筑面积的露天花园面积：3953.13m²

2.2 项目节能技术策略

2.2.1 生态保护

项目通过规划实现建筑和环境的交融，体现独特的热带风情。金鸡岭酒店是以海南最有影响力的地域特征、文化特质为素材，设计、建造、装饰、生产和提供服务的酒店，其最大特点是赋予酒店以民族文化为主题，并围绕这种主题建设具有全方位差异性的酒店氛围和经营体系，从而营造出一种独特魅力与个性特征，实现提升该酒店产品质量和品位的目的。项目的建成不会对周边环境造成影响，建筑设计保留原有地形地貌，不破坏建筑场地的原有地形地貌，通过精心的设计，组织空间形态，做好功能分区，充分利用土地资源，创造良好的环境，探索建筑与城市之间全新的"绿色互动"关系。

项目在尊重三亚市规划理念的基础上，重新审视庞杂的功能关系，经多方案比较，依据节能、节地、可持续发展原则，采用集中式布局。除建筑物占地及道路占地和必要硬质地面外，其余用地尽量为绿化用地，以草皮满铺，同时点、线面结合种植椰子树、大王棕、小叶榕等乔木及多色彩灌木以美化环境，提高品质，既能遮阳防晒、导风，又能改善酒店微气候，降低热岛效应，同时创造舒适宜人的景观环境。酒店南侧种植观赏性较强的椰子树，起到空间隔断的作用，配以种植大量的灌木和草皮，起到隔声、防尘的效果。

项目各层架空均打造空中花园，一层的开敞式花园，通过高低错落的绿植及假山、瀑布、跌水打造一个绿色花园广场。每两层错开的空中花园，有效地改善酒店内的小环境气候，同时将成为凤凰路上一道亮丽的风景线。屋顶的花园为整个景观的高潮。它们组合在一起，共同打造独特的立体景观带，同时对区域的小气候启动调节作用，调节建筑室内热环境。

2.2.2 自然通风

项目通过优化建筑布局及空间功能，保证室外空气流场均匀、无明显气流死角和局部涡流。建筑室外风环境模拟分析显示，夏季时，建筑迎风面和背风面风压差均大于1.5Pa，有利于形成良好的室内自然通风，充分利用自然冷源对建筑室内进行降温，降低

图 3-2-2　项目绿化

房间空调负荷，实现节能减排，冬季室外人行区最大风速低于 5m/s，各方面数据符合国家标准《绿色建筑评价标准》GB/T 50378—2006 的相关要求。

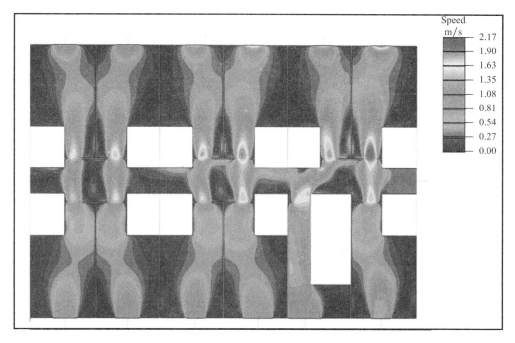

图 3-2-3　距标准层 1m 高度风速分布图

项目酒店部分标准层夏季室内自然通风模拟分析结果显示，酒店室内最大风速局部能达到 2.17m/s，各房间整体通风效果良好，开窗通风的室内平均速度达到 0.54m/s 以上，空气龄最大为 67s，空气停留时间较短，通风换气次数最少可达到 109 次/时以上。

2.2.3　室外绿化

项目绿地率达 30.87%，绿化配置主要选用高大的热带植物。除建筑物、道路占地和必要硬质地面外，其余用地尽可能以草皮满铺，同时点、线面结合种植椰子树、大王棕、

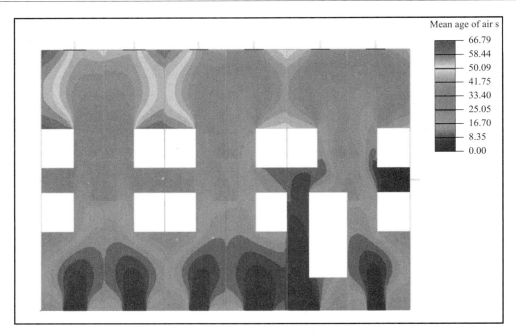

图 3-2-4　距标准层 1m 高度空气龄分布图

小叶榕等乔木及多色彩灌木，美化环境，提高室外空间品质，创造舒适宜人的景观环境。酒店南侧种植观赏性较强的椰子树，起到空间隔断的作用，配以大量的灌木和草皮，不但起到隔声防尘的效果，同时改善了酒店下垫面的构成，起防污降噪、节能减排的作用。

2.2.4　建筑遮阳

项目在建筑各个立面利用遮阳构架、空中花园绿化、水平阳台挑板和垂直隔墙实现建筑自遮阳，并严格控制屋面、外墙、外窗屋顶透明部分所采用的玻璃遮阳系数来进一步增强建筑的遮阳性能。多种遮阳设施共同作用下，整体减少室内太阳辐射，符合降低建筑空调负荷及制冷能源需求。

2.2.5　照明系统

项目在照明设计上充分利用自然采光，减少灯具开启数量和照度。照明系统采用三相四线制供电，降低线路阻抗，使建配电网的设备和导线均与用电量相匹配，降低配电系统的损耗。照明灯具均采用高发光率、低损耗、长寿命的新型节能灯具。楼梯等场所照明采用自熄式节能照明灯具，如直管型稀土三基色 T8、T5 荧光灯和紧凑型荧光灯。地下车库采用高效光源，如荧光灯、高强度气体放电灯，通道灯具的长轴方向和车辆进出方向一致。室外道路及庭院照明、景观照明采用 LED 灯。

照明灯具分散控制，做到按需开灯。环境照明设置时间继电器和光敏开关双重控制，减少用电时间。客房采用插卡式集中控制面板，设置多个情景模式控制灯具开启，能在保证不影响客人活动的同时满足照度要求。在客房床头设有集中控制面板，采用局部照明方式，并设有调光措施。在公用设施灯具控制方式上，如客房走道、地下车库、路灯采取分区控制灯光或适当增加照明开关点，以减少不必要的用电。酒店门厅、电梯大堂和客房走廊等场所，采用夜间定时降低照度的自动调光装置。

图 3-2-5　建筑遮阳隔热措施

2.2.6　电梯节能

项目电梯系统采用分区服务的方式来提高电梯运行效率。酒店部分设置 12 部客电梯，旅客由酒店大堂可直达电梯厅。一～五层员工入口处设置 4 台服务电梯兼作消防电梯。公共区域处均考虑无障碍设施。电梯产品选择方面，由于目前我国电梯等级尚未正式发布，电梯的节能主要依靠选用带有新型节能技术的设备，参考浙江省地方标准《电梯能源效率评价技术规范》DB　33T 771—2009 中电梯能源效率等级规定，选用了 3 级以上能效等级的电梯。

2.2.7　空调系统

项目采用板管蒸发式冷凝螺杆冷水机组，可以根据系统负荷变化自动卸载或加载冷量的输出，真正做到用多少开多少，该设备利用先进合理的水膜冷却方式，无需配置冷却水塔和大功率的冷却水泵，可以安放在建筑的屋面，不占用室内空间，安装简单，大大降低工程投资成本，同时避免了采用传统水冷冷水机组冷却水塔"飞水""噪声大"等缺点。项目采用 2 台板管蒸发式冷凝螺杆冷水机组 WSCZ1280CHA 和 2 台板管蒸发式冷凝螺杆冷水机组（全热回收）WSCZ700TSX 来满足整栋建筑的制冷需求，冷水机组 WSCZ1280CHA 冷量 1280kW，功率 292kW，系统 COP4.89，冷水机组（全热回收）WSCZ700TSX 冷量 690kW，功率 160kW，热回收量 775kW，系统 COP 为 4.4。

2.2.8　太阳能热水系统

项目设置集中式热水系统以满足十五～十九层酒店客房的热水需求，利用清洁的太阳能代替传统燃气能源，增大了项目可再生能源利用量。综合考虑投入成本、建筑结构承载力、热水需求量和太阳能保证率，设置太阳能集热器 $510m^2$，集热器设置于平屋面上，正南方向安装，安装倾角 $20.0°$。太阳能给水系统采用集中供热同程供水方式（设置集中热水箱），直接加热，辅助热源为空气源热泵。

集热器循环水泵采用温差控制，当集热器温度－水箱温度≥10℃时，集热器循环泵启动。当集热器温度－水箱温度≤2℃时，集热器循环泵停止。当集热器循环泵运行，水箱温度仍不能达到设定温度（45℃）时，启动辅助电加热装置加热，当供热水箱温度高于60℃时。辅助电加热装置停止。当供热水箱温度高于75℃时，集热器循环泵停止。热水供应水泵采用变频控制，出水管侧压力设定为 0.15MPa。当回水温度的水温低于设定温度50℃，回水总管上的电磁阀开启，当回水温度高于设定温度55℃时，回水总管上的电磁阀关闭。

2.3　节能效果分析

2.3.1　项目能源利用

项目建筑功能主要为酒店及其附属配套等，主要用能类型包括电力、燃气及新水。能源消费结构如图 3-2-7 所示，年总耗电量为 555.04 万 kWh，年用水量为 13.7 万 t，年消耗燃气量为 36.81 万 m^3。

2.3.2　项目的节能量

项目通过采用节能灯具、高能效比空调系统、节水型器具和太阳能热水系统等节能措施和产品，每年将节约电量 66.12 万 kWh，节约自来水量 3.43 万 t，节约天然气量 36.81 万 m^3；项目年总节能量为 530.58tce/a（表 3-2-2）。

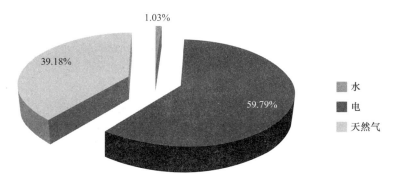

图 3-2-6　项目能源消费结构图

年节约用能主要数据表   表 3-2-2

采用的节能措施	节水量（万 m³/a）	节电量（万 kWh/a）	节气量（万 m³/a）	折算标煤量（t）	增量成本（万元）	年节约运行费用（万元）	静态投资回收期
节能灯具	—	28.02	—	34.44	15.80	15.64	1.01
高能效比空调系统	1.66	38.1	33.33	452.41	300	182.06	1.65
节水型器具	1.77	—	—	1.51	—	4.43	—
太阳能热水系统	—	3.48	—	42.22	100.13	16.36	6.12
总节煤量（tce）				530.58			

注：根据三亚市物价局网站，三亚市居民用电电价水平为 0.558 元/kWh，水价为 2.5 元/t，非居民用天然气价格为 4.7 元/m³。

2.3.3 生态效益分析

项目通过优化建筑布局，实现室外气流分布均匀、流畅，无局部气流死角，通过合理布置绿化带的位置，起到了较好的导风引流作用。建筑内部南北通透，有利于室内形成穿堂风，改善室内空气品质，降低空调能耗。项目绿化率为 30.87%，通过绿地，植草砖停车场和铺设透水砖等方式增大酒店透水地面面积比率，改善场地下垫面，营造更加舒适的微环境。

在各项节能、低碳措施的共同作用下，项目可实现的年污染物减排量如表 3-2-3 所示。

年节能减排数据表   表 3-2-3

名称	CO₂（t）	SO₂（t）	NOₓ（t）	烟尘（t）
排放系数（t/tce）	2.457	0.0165	0.0156	0.0096
污染物减排量	1302.64	8.75	8.28	5.09

2.4 项目总结

项目通过采用节能灯具、高能效比空调系统、节水器具和太阳能热水系统等节能技术和产品，每年总节能量为 530.58t 标准煤，综合节能率为 65.87%，项目的整体设计达到《海南省公共建筑节能设计标准》DBJ 03—2006 节能 50% 以上的要求。

项目设计的节能措施的节能量汇总   表 3-2-4

序号	名称		参照建筑年能耗	项目年总能耗	节能量
1	电力	万 kWh	621.16	555.04	66.12
		tce/a（当量标煤）	763.41	682.14	81.26

续表

序号	名称		参照建筑年能耗	项目年总能耗	节能量
2	水	万 t	16.25	13.7	2.55
		tce/a	13.93	11.74	2.19
3	燃气	万 m³	73.62	36.81	36.81
		tce/a	894.26	447.13	447.13
4	综合能耗	tce（当量标煤）	1671.60	1141.01	530.58

3. 三亚市妇幼保健院

【医院建筑，节能率51.4%】

3.1 项目概况

三亚市妇幼保健院为三级甲等医院，属新建项目，包括医疗综合楼、后勤楼、专家楼以及配合计生委建设的生育中心楼。本次建设项目为医疗综合楼，包括西侧的门诊、东部的医技、南侧的急诊以及北部的住院部等。

图 3-3-1 三亚市妇幼保健院项目鸟瞰图

妇幼保健院总建筑面积 100859.36m²，其中医疗综合楼 64901.05m²，后勤楼 3959.64m²，计划生育服务中心 4645.81m²，专家周转房 3372.91m²，另有地下室建筑面积 20874.43m²，架空层及机房建筑面积 3105.52m²，项目各功能建筑面积如表 3-3-1。

三亚市妇幼保健院项目各功能区拟建建筑面积 表 3-3-1

功能区	建筑面积（m²）
医疗综合楼	64901.05
后勤楼	3959.64
计划生育服务中心	4645.81
专家周转房	3372.91
架空及机房建筑面积	3105.52

续表

功能区	建筑面积（m²）
地下室	20874.43
合计	100859.36

3.2 项目节能技术策略

3.2.1 自然通风

医疗综合楼地上 19 层，地下 1 层，裙楼共 6 层，七层到十九层大部分为病房、诊室、办公室、会议室等主要功能房间。在总体布局上，一到六层的裙楼内部设计了东西方向和南北方向上两组生态空间体系，共同组织建筑内部气流，所围合出的中庭布置能够创造舒适的室内环境和良好的热压通风状况，达到自然通风除湿降温的作用。七层到十九层，形成了贯穿建筑的医院街，面向屋顶绿化庭院开敞，利用侧高窗，形成良好的自然拔风系统，对改善建筑环境起到十分积极的作用。且很多诊室和办公室间围合出的小型中庭花园布置了大面积的绿化和景观水系，充分发挥天然绿化和水体，同样可以起到改善室内自然通风和降温的效果。

图 3-3-2 医疗综合楼效果图

图 3-3-3 为综合医疗楼主要功能房间的典型结构，诊室大部分在裙房中，层高为 4.5m，一组诊室有 4 排共 16 个诊室，第一排和第四排诊室均与小中庭花园相连，房间的方向与主导风向有一定的夹角，有利于室内自然通风及污染物的排放。而中间两排的诊室并不能形成穿堂风，均为单侧通风，中间两排的诊室进深为 3.2m，楼层净高为 4.5m，进深不足层高的 1 倍，因此可以取得较好的通风效果。

3.2.2 建筑遮阳

项目主要朝向为东西向，为减少建筑太阳辐射得热，建筑设计利用建筑自身结构来达到遮阳需求，利用布置在各层的阳台挑板阻隔太阳辐射，并严格控制屋面、外墙、外窗屋顶透明部分等围护结构的传热系数以及玻璃遮阳系数来进行辅助遮阳。

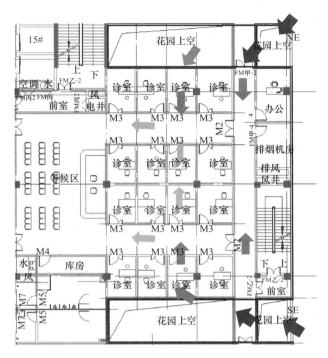

图 3-3-3 诊室典型结构

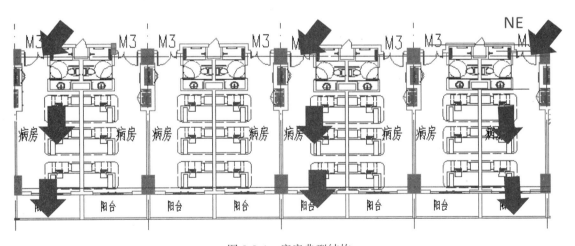

图 3-3-4 病房典型结构

3.2.3 照明系统

照明系统采用三相四线制供电，以降低线路阻抗，使建配电网的设备和导线均与用电量相匹配，降低配电系统的损耗。选择合理的供电线路，减少供电半径、减少电能的损耗，配电箱配电半径不大于 50m。

图 3-3-5　建筑遮阳措施

采用光效高、寿命长和安全性能稳定的照明电器产品。不同的场合选择不同的照明方式，道路以及一些室外照明采用 LED 灯或节能灯，利用微电脑控制器存储的程序以控制灯具光源运行方式，分时段对灯具光源进行调控。

3.2.4　太阳能热水系统

项目在建筑屋顶安装太阳能集热板，利用太阳能热水代替传统燃气热水，提供项目建筑整体热水需求。太阳能集热板面积约为 693.45m²，供整个住院部使用，一天可提供热水 50.57m³ 热水。项目一年节约燃气约为 7.82 万 m³。

太阳能集热面积统计

表 3-3-2

建筑	太阳能集热板面积（m²）
后勤楼	41.4
计划生育服务中心	110.4
专家周转楼	220.8
医疗综合楼	320.85
合计	693.45

3.3　节能效果分析

3.3.1　项目的节能量

项目主要功能包括医疗综合楼、后勤楼、计划生育服务中心、专家周转房等，通过采用适宜的节能措施和严格的节能管理手段，可以获得显著的经济效益，年运行节约能源如表 3-3-3 所示。

年节约能源统计表　　　　　　　　　　　　　　表 3-3-3

名称	节水量（万 m³/a）	节电量（万 kWh/a）	节气量（万 m³/a）	节能量（tce/a）
数值	12.74	7.80	7.82	115.68

3.3.2　生态效益分析

项目绿化率达为 36.82%，对改善区域生态环境和缓解城市热岛效应具有显著作用。通过优化建筑规划与布局，营造良好的室内外通风条件，最大化利用自然通风进行室内降温，并快速去除室内污染物，在地下室等一些通风不好的地方，设置辅助通风设备，保证室内空气中有害物质含量不会超标，为使用者的生活打造一个舒适的室内外空间环境。项目利用良好的采光通风等被动式技术措施和高效的主动式节能减排措施，在打造健康良好的室内空气环境和缓解区域热岛效应上发挥很大的作用，实现建筑节能减排和区域生态环境保护的双赢工程，生态效益明显。通过各项节能措施，项目每年可减排二氧化碳 272.89t、二氧化硫 1.39t、烟尘 0.14t。

年节能减排数据表　　　　　　　　　　　　　　表 3-3-4

名称	节能量（tce/a）	CO_2（t）	SO_2（t）	烟尘（t）
数值	115.68	272.89	1.39	0.14

3.4　项目总结

项目在设计阶段采取多样的被动式节能技术，如立体绿化、自然通风、建筑遮阳，以及优化提升主动式节能技术水平，如高效的照明和空调系统等。通过各项节能技术和措施的实施，每年可节约用水 12.74 万 m³，节电 7.80 万 kWh，节气 7.82 万 m³，综合节能量折算成标准煤为 115.68tce/年（表 3-3-5），平均节能率为 51.40%。

项目采取节能措施前后能耗目标对比表　　　　　　　表 3-3-5

序号	名称		采取节能措施前	采取节能措施后	节约量
1	电力	万 kWh	556.92	549.12	7.80
		tce/a	684.45	674.87	9.59
2	水	万 t	44.15	31.41	12.74
		tce/a	37.84	26.92	10.92
3	燃气	万 m³	15.66	7.84	7.82
		tce/a	190.22	95.23	95.17
4	综合能耗	等价 tce	912.51	797.02	115.68

4. 小洲岛产权式度假酒店

【酒店建筑，节能率58.94%】

4.1 项目概况

海南三亚小洲岛位于三亚南环河口与鹿回头湾处，背靠鹿回头旅游风景区，处于三亚国家级珊瑚生态自然保护区及鹿回头湾内，地理位置优越，背山靠海，有丰富的自然景观资源，是国际一流的热带滨海旅游度假休闲胜地。

项目地位于市区内的南边海路，是连接三亚湾与鹿回头半岛的海上城市景观结点。项目占地面积102162.0m²，北侧1km处是凤凰岛国际客运港项目，东侧是时代海岸旧城改造片区，南侧是开发建设中的鹿回头旅游度假区。

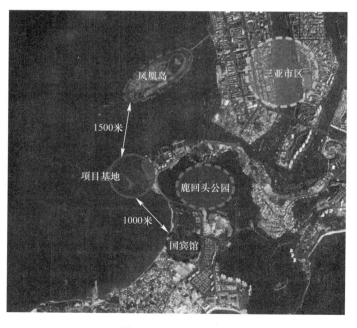

图 3-4-1　项目区位图

项目总建筑面积203869.0m²，其中地上总建筑面积138940.0m²（计容建筑面积），地下室建筑面积64929.0m²（不计容建筑面积），主要经济技术指标详见表3-4-1。

图 3-4-2　项目鸟瞰图

项目主要建筑指标　　　　　　　　　　　　　　　　　　　　表 3-4-1

项目			面积	备注
规划基地面积			102162.00m²	—
总建筑面积			203869.00m²	—
其中	地上建筑面积		138940.00m²	计容
	其中	主楼	103793.00m²	
		辅楼	35147.00m²	
	地下建筑面积		64929.00m²	不计容
	其中	主楼	31320.00m²	
		辅楼	33609.00m²	

4.2　项目节能技术策略

4.2.1　生态保护

项目位于三亚珊瑚礁国家自然保护区鹿回头半岛—榆林角沿岸中区的实验区边缘，项目的开发建设必然会对海流特性以及附近活珊瑚的生长环境构成一定影响。虽然项目位于小洲岛连岛浅滩，该区基本没有活珊瑚分布，不构成对珊瑚的直接破坏，但其建设必然改变项目所在区域海域的自然属性，对保护区局部区域造成一定的影响的。为改善对项目建设对区域生态的影响，在项目周边开挖形成 150m 的水道，基本保持原有潮通量，减弱对区域水动力环境的影响，维持珊瑚生长环境。

此外，在室外环境设置上，项目在尊重三亚市总体规划的基础上，重新审视项目建筑功能与生态环境的关系，经多方案比较，依据节能、节地、可持续发展原则，进行建筑设计。除建筑物、道路占地和必要硬质地面外，其余用地尽量为绿化用地，以草皮满铺，同时点、线、面结合种植乔木及多色彩灌木以美化环境，并形成立体绿化，既能遮阳防晒、导风，又能改善酒店微气候，降低热岛效应，也可以起到一定的隔声防尘的效果，同时创造舒适宜人的景观环境。

4.2.2　自然通风

项目规划布局以加强场地及建筑内部自然通风为目的。在冬季，来流风向为东北风，出于节能和保温的考虑，建筑需做好防风，其迎风面和背风面风压不宜过大，模拟现实项目主楼和7~10号辅楼南侧部分形成局部涡流区域，自然通风较弱，有利于建筑防风与保温。夏季时，来流风向为东南风，整个项目室外流场较为均匀流畅，局部涡流区和气流死角区较少，建筑迎风面和背风面风压差均大于1.5Pa，有利于室内自然通风和污染物的排风。总体而言，项目的建筑布局合理，室外流畅均匀、无明显气流死角和局部涡流，冬季室外人行区最大风速低于5m/s，符合国家相关要求。

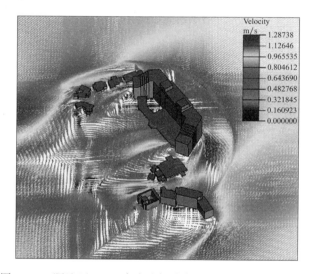

图 3-4-3　距地面1.5m高度流场分布图（冬季/NE/2.7m/s）

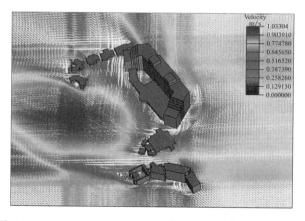

图 3-4-4　距地面1.5m高度流场分布图（夏季/SE/2.2m/s）

建筑内部自然通风路径分析如图3-4-5~图3-4-8。项目主楼利用中庭可以在一定程度上促进底层的空间自然通风，高层部分通过在走廊中间部分布置公共空间可以形成风口，改善较长走廊设置形成的通风不良现象，局部自然通风不良的空间可以通过辅助通风来改善室内的通风环境。别墅建筑自然通风良好，可以形成穿堂风，很大程度上降低了室内空调运行。酒店辅助用房部分客房自然通风良好，通过自然通风可以提供一个舒适的室内环境，公共空间自然通风条件较差，需要辅助通风技术来改善其室内舒适环境。

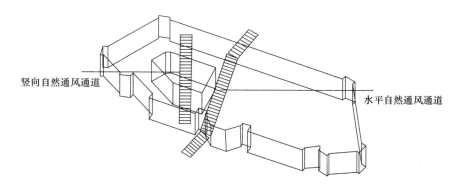

图 3-4-5　主楼底层公共空间室内自然通风路径分析

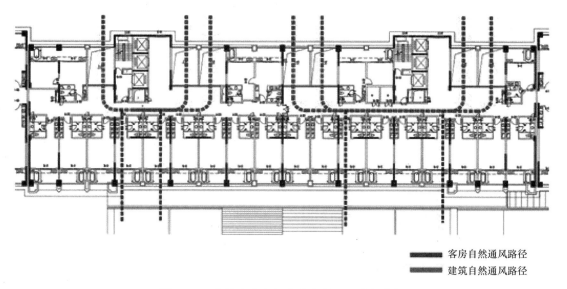

图 3-4-6　主楼客房空间室内自然通风路径分析

4.2.3　建筑遮阳

项目建筑遮阳形式为自遮阳，利用水平阳台的挑板及垂直隔墙实现部分空间的自遮阳。此外，项目主楼屋顶外挑和场地内高大的乔木也可以起到很好的遮阳效果。同时项目还严格控制屋面、外墙、外窗屋顶透明部分等围护结构的传热系数以及玻璃遮阳系数来进行辅助遮阳，在保证建筑外观要求的前提下，满足项目建筑遮阳需求，一定程度上降低了空调负荷，实现了节能减排目标。

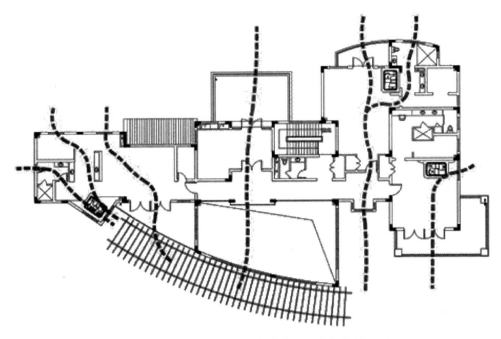

图 3-4-7 辅楼别墅室内自然通风路径分析

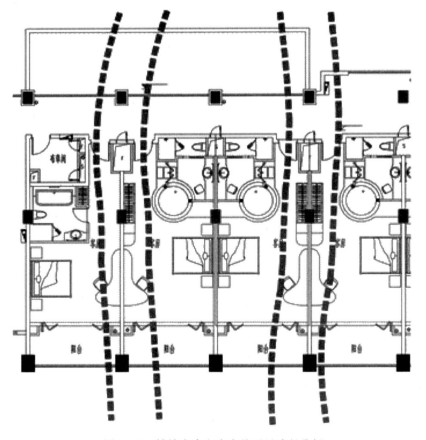

图 3-4-8 辅楼客房室内自然通风路径分析

图 3-4-9　建筑遮阳隔热措施

4.2.4　空调系统

项目根据项目所处的地理位置和能源供应状况及今后的使用功能，综合考虑系统的合理性、投资及运行的经济性，除主楼客房采用分体空调外其余采用集中空调系统和多联机空调。主楼设一能源中心，1 号～5 号楼各自设置能源中心，6 号～10 号统一设一个能源中心，项目冷热源设置如表 3-4-2。

项目冷源设置　　　　　　　　　　　　　表 3-4-2

序号	建筑面积（m²）	空调冷负荷（kW）	主机形式
主楼	10350	1747.00	采用电制冷冷水机组（大小搭配，小机带热回收）
	45470	7222.00	分体空调
1 号辅楼	1070.00	192.00	一拖多变频多联机
2 号辅楼	1002.00	180.00	一拖多变频多联机
3 号辅楼	902.00	162.00	一拖多变频多联机
4 号辅楼	1011.00	182.00	一拖多变频多联机
5 号辅楼	1015.00	183.00	一拖多变频多联机
6 号辅楼	2853.00	570.00	
7 号辅楼	3151.00	472.00	
8 号辅楼	4476.00	671.00	6 号～10 号采用电制冷冷水机组（大小搭配，小机带热回收），冷却塔置于 6 号楼屋面
9 号辅楼	6758.00	1013.00	
10 号辅楼	2724.00	408.00	
辅楼地下室	36000.00	1200.00	

工程主楼集中空调水管路为两管制、一次泵异程闭式循环系统，空调冷水一次泵采用变频调速控制，冷冻水供回水温度采用 6～12℃，采用闭式定压罐对水系统进行定压、膨

胀、补水。6号~10号楼的集中空调水管路为两管制、二次泵异程闭式循环系统，空调冷水一次泵定流量，二次泵采用变频调速控制，一次泵与冷源机组匹配设置，二次泵根据功能、使用时间的差异和距离的远近优化运行。作为预热生活用水部分的热回收型螺杆式冷水机组冷凝器侧的供回水温度为37~32℃。为了避免系统的水力失衡，各空调水系统的末端支路均设平衡阀，在空调机组回水管上设电动二通调节阀，风机盘管回水管上设电动双位阀，以达控制房间温度的目的。

在末端设置上，大堂、宴会厅、餐厅、婚礼殿堂及其他大空间功能场所，采用集中式低速风道空调系统，配合建筑整体效果确定送风方式，部分全空气空调系统风机设置变频器，在部分负荷时，节能运行，每个空调系统上均设有杀菌防霉、除臭净化的装置。7号~10号客房采用风机盘管加新风系统，新风机组竖向设置，带热回收的新风机组统一置于屋面，通过竖井送至各个客房。

由于本工程靠近海边，海风有腐蚀作用，因此所有空调设备的盘管均需有防腐的措施。

4.2.5　太阳能热水系统

为减少项目一次能源消耗，增加可再生能源利用总量，项目共设计太阳能集热器410组，有效采光面积为803.60m²，集热器产水量为92m³/d。

1号~5号楼每幢楼室外地坪设置太阳能集热器4组，每组集热器的有效采光面积1.96m²，集热效率48%，太阳能保证率55%。6号楼屋顶设置太阳能集热器300组，每组集热器的有效采光面积1.96m²，集热效率48%。7号楼屋顶设置太阳能集热器90组，每组集热器的有效采光面积1.96m²，集热效率48%。6号~10号生活热水系统为一个系统，设置在6号楼与7号楼太阳能热水系统供水作为供6号~10号生活热水系统的预加热水。

4.3　节能效果分析

4.3.1　项目能源利用

项目建筑功能主要为酒店及其附属配套等，主要用能类型包括电力、燃气及新水。项目年总耗电量为2355.81万kWh，相当于当量标煤量2895.29t；年用水量为78.71万t，年总耗煤量为67.45t；年消耗燃气量为34.96万m³，折合标煤量为424.66t。

4.3.2　项目的节能量

项目通过优化建筑围护结构、加强建筑遮阳、采用更高性能的节能灯具和高效的空调系统，并利用太阳能来提供建筑所需热水等一系列节能减排技术措施，获得较好的节能收益，依据项目采取的节能措施，项目每年将节约电量437.47万kWh，节约自来水量5.89万t，节约天然气量16.02万m³，项目年总节能量为737.29tce/a，具体数据如表3-4-3所示。

年节约用能主要数据表 表 3-4-3

采用的节能措施	节水量（万 m³/a）	节电量（万 kWh/a）	节气量（万 m³/a）	折算标煤量（t）	增量成本（万元）	年节约运行费用	静态投资回收期（年）
节能灯具	—	83.55	—	102.68	101.93	46.62	2.19
高能效比空调系统	—	353.92	—	434.97	514.08	197.49	2.60
节水型器具	5.45			4.67		13.63	—
太阳能热水系统	—	—	16.02	194.59	115.72	75.29	1.54
雨水回收利用	0.44			0.38	5.00	1.10	4.55
总节煤量（tce）				737.29			

注：根据三亚市物价局网站，三亚市居民用电电价水平为 0.558 元/kWh，水价为 2.5 元/t，非居民用天然气价格为 4.7 元/m³。

4.3.3 生态效益分析

项目通过合理布置绿化带，起到了较好的导风引流作用，保证项目场地内风速分布均匀、流畅，无局部气流死角。在酒店下垫面的改善设计上，项目通过绿地、植草砖停车场和铺设透水砖等方式增大酒店透水地面面积比率，改善项目所在区域的微环境。在建筑单体设计上，项目通过自然通风、围护结构优化，建筑遮阳等被动式技术，改善室内空气品质，降低空调能耗。通过各项技术措施的实施，项目每年节约标煤量 737.29t，各项污染物减排量如表 3-4-4 所示。

年节能减排数据表 表 3-4-4

名称	CO_2（t）	SO_2（t）	NO_x（t）	烟尘（t）
排放系数（t/tce）	2.457	0.0165	0.0156	0.0096
污染物减排量	1811.52	12.17	11.50	7.08

4.4 项目总结

项目在规划设计上充分考虑建筑使用功能要求，充分利用各项被动式节能技术，并进一步优化主动式用能技术，如供配电系统优化、照明系统优化等，充分降低建筑的能源消耗和碳排放总量。据统计，项目年节约电力 437.47 万 kWh，节约用水 5.89 万 t，节约燃气量 194.59 万 m³，项目每年的总节能量折合当量标煤为 737.29t，综合节能率为 58.94%。由此，项目的整体设计达到《海南省公共建筑节能设计标准》DBJ 03—2006 节能 50% 以上的要求。

项目设计的节能措施的节能量汇总 表 3-4-5

序号	名称		参照建筑年能耗	项目年总能耗	节能量
1	电力	万 kWh	2709.73	2355.81	437.47
		tce/a（当量标煤）	3432.94	2895.29	537.65

续表

序号	名称		参照建筑年能耗	项目年总能耗	节能量
2	水	万 t	84.60	78.71	5.89
		tce/a	72.50	67.45	5.05
3	燃气	万 m³	50.98	34.96	16.02
		tce/a	619.25	424.66	194.59
4	综合能耗	tce（当量标煤）	4124.69	3387.40	737.29

5. 双大国际酒店

【酒店建筑，节能率 52.74%】

5.1 项目概况

三亚双大国际酒店项目涵盖酒店和商业两种功能，主要功能区包括酒店客房、餐厅、多功能厅、会议室、SPA、酒店会所等。

图 3-5-1 三亚双大国际酒店项目鸟瞰图

项目总用地面积为 4866.53m²，总建筑面积 36724.34m²，建筑高度 95.25m，地下室 2 层，地上 25 层。地上计容积率总建筑面积 28112.02m²，其中酒店裙房建筑面积 9694.04m²，酒店客房建筑面积 17261.38m²，酒店会所建筑面积 1156.60m²。不计容积率总建筑面积 8264.32m²，其中地上架空层建筑面积 1516.60m²，地下车库及设备房建筑面积 6747.72m²。太阳能热水系统补偿建筑面积 348.00m²。

三亚双大国际酒店项目各功能区拟建建筑面积 表 3-5-1

功能区	建筑面积（m²）
酒店裙房	9694.04
酒店客房	17261.38
酒店会所	1156.60
地上架空层	1516.60

续表

功能区	建筑面积（m²）
地下车库及设备房	6747.72
太阳能热水系统补偿	348.00
合计	36724.34

5.2 项目节能技术策略

5.2.1 自然通风

项目通过优化建筑布局、朝向以及内部功能区划分，改善室外气流分布及室内气流组织。在冬季，场地四周气流通常，无明显的气流死区，在建筑的背风侧存在一些回流，通过在此区域设置道路绿化来改善回流现象。建筑周围人行区整体风速约在 0.22～1.78m/s 之间，平均风速约为 1.77m/s，均小于 5m/s，满足人行舒适性的要求，也有利于周围污染物的扩散。在夏季，人行区整体风速约在 0.18～1.51m/s 之间，平均风速约为 1.45m/s，项目周围气流通畅，无明显的气流死区，空气龄大部分在 506s 以下，空气质量良好。

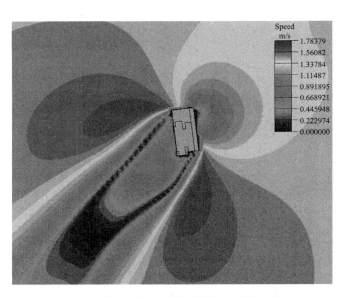

图 3-5-2 1.5m 高度处风速等值线图（冬季/NE/2.7m/s）

项目客房虽为可双侧通风，但一般客房内有宾客的情况下客房的门是不开启的，那么相当于单侧通风。为获得室内整体最好风速，房间进深为 7.5m，层高为 4.0m，进深不到层高的 2 倍。客房房间方向为东西向，与夏季过渡季、冬季的主导风向均有一定的夹角，可以形成较好的室内自然通风效果。

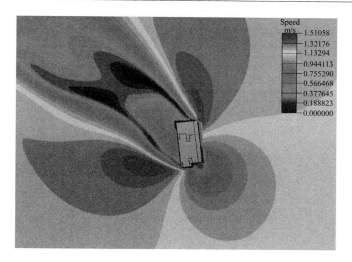

图 3-5-3 1.5m高度处风速等值线图（夏季/SE/2.2m/s）

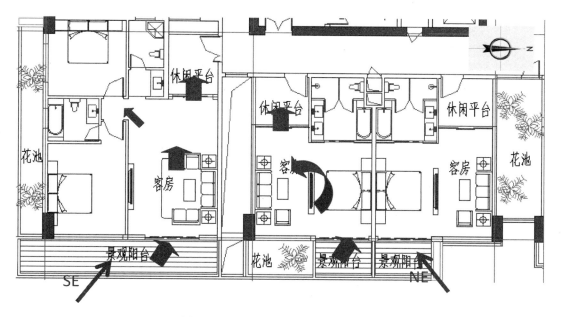

图 3-5-4 双大国际酒店客房典型结构

5.2.2 遮阳隔热

海南地区太阳辐射强烈，建筑空调能耗是公共建筑耗能的重要组成部分，项目在利用建筑结构挑板形成外部水平遮阳构架，遮挡太阳光线投射，阻隔太阳辐射进入室内形成空调负荷，降低建筑空调的用电量，在营造良好的室内热环境的同时，达到建筑节能的目的。

5.2.3 太阳能热水系统

项目八层以上酒店客房均采用太阳能热水器，酒店客房热水分两个区：八层～十六层为低区，十七层～二十五层为高区，冷水分区与热水分区相同。采用屋顶真空管式太阳能集热系统，空气源热泵进行辅助加热提供热水，屋顶分别设置储热水箱和冷水补水箱，客房给水均由设在屋顶的冷水箱和热水箱供给，高区加压给水，低区采用支管减压给水。

利用建筑的结构挑板形成自遮阳

架空层形成对流，利于组织内部通风

图 3-5-5 建筑遮阳通风措施

项目建筑酒店客房共 232 间，日均生活用热水 464 人，太阳能集热器铺设面积为 548.14m²，每天可提供热水量 40.29t。

5.3 节能效果分析

5.3.1 项目的节能量

项目包含酒店和商业，主要功能包括酒店客房、餐厅、多功能厅、会议室、SPA、酒店会所等，通过采用适宜的节能措施和严格的节能管理手段，可以获得显著的经济效益。

年节约用能主要数据表 表 3-5-2

名称	节水量（万 m³/a）	节电量（万 kWh/a）	节气量（万 m³/a）	节能量（tce/a）
数值	4.36	18.79	6.23	102.51

5.3.2 生态效益分析

项目在设计过程中充分利用各项节能减碳技术，如良好的自然采光、自然通风、建筑遮阳、太阳能热水系统等技术措施，保证建筑内部良好的通风条件，尽可能减少空调开放次数及时间，增加建筑可再生能源利用总量等，打造健康良好的室内空气环境，缓解区域热岛效应，实现节能减排和区域生态环境保护的双重目标。项目可实现的节能减排总量如表 3-5-2 所示，每年可实现的节能总量相当于减排二氧化碳 241.82t、二氧化硫 1.23t、烟尘 0.12t，生态效益显著。

年节能减排数据表 表 3-5-3

名称	节能量（tce/a）	CO_2（t）	SO_2（t）	烟尘（t）
数值	103.58	241.82	1.23	0.12

5.4 项目总结

　　项目通过利用自然通风、建筑遮阳、围护结构优化等被动式节能技术，以及太阳能热水利用、供配电系统优化、照明系统优化等主动式节能措施，总体降低建筑资源消耗以及碳排放总量，实现建设初期制定的节能减排目标。各项措施的实施，项目年节约电力 18.79 万 kWh，节能用水 4.36 万 t，节约燃气用量 6.23 万 m^3，节能总量达到 102.51t。

项目采取节能措施前后能耗目标对比表 表 3-5-4

序号	名称		采取节能措施前	采取节能措施后	节约量
1	电力	万 kWh	252.43	233.64	18.79
		tce/a	310.24	287.14	23.09
2	水	万 t	16.24	11.88	4.36
		tce/a	13.92	10.18	3.74
3	燃气	万 m^3	40.89	34.66	6.23
		tce/a	496.69	421.02	75.68
4	综合能耗	等价 tce	820.85	718.34	102.51

6. 大华·锦绣海岸（一期）

【住宅楼，节能率 62.73％】

6.1 项目概况

大华·锦绣海岸（一期）位于海南省海口市西北部，属于海口市西海岸新区粤海片区，距离海岸线约 700m，距海口市政府新行政中心约 1.5km，距市中心约 12km，距海口火车站约 5km，距海口美兰国际机场约 35km。项目规划建设用地面积为 56336.00m²。

图 3-6-1　项目鸟瞰图

项目总建筑面积 124151.1m²，其中地上总建筑面积 100959.26m²，地下室建筑面积约 23191.84m²，主要经济技术指标详见表 3-6-1。

项目主要建筑指标　　　　　　　　　　　　　　　　　　　　　　表 3-6-1

指标内容			数值
规划用地面积（m²）			56336
总建筑面积（m²）			124151.1
其中	地上建筑面积（m²）		100959.26
	其中	高层住宅	90410.2
		低层住宅	9226.06
		居委会	177
		物业管理	377
		社区配套	769
	地下建筑面积（m²）		23191.84

续表

指标内容		数值
计入容积率建筑面积（m²）		98306.32
不计入容积率建筑面积（m²）		25844.78
其中	地下建筑面积	23191.84
	屋顶建筑面积	589.01
	太阳能热水补偿建筑面积	2063.93
建筑基地面积（m²）		9577.12
人均用地面积（m²）		15.42
人均建筑面积（m²）		33.98
人均绿地面积（m²）		6.17

6.2 项目节能技术策略

6.2.1 室外绿化

项目除建筑物、道路占地和必要硬质地面外，其余用地尽可能以草皮满铺，同时点、线、面结合本土乔木及多色彩灌木来增加绿化总量，美化区域环境，创造舒适宜人的景观环境，如图 3-6-2 所示。复合绿化设置不但起到隔声、防尘的效果，同时改善了场地下垫面构成，增强雨水滞留渗透能力，提升区域碳汇能力。

图 3-6-2 项目部分区域绿化设计效果图

6.2.2 自然通风

项目规划设计阶段不断优化建筑整体布局和单体设计，以期实现较好的室内自然通风效果。依据《夏热冬暖地区居住建筑节能设计标准》JGJ 75—2012，并对项目各功能区室内自然通风路径进行分析，高层住宅和低层住宅各种户型均能够得到良好的室内通风效果。项目高层住宅和低层住宅均可以形成穿堂风，自然通风情况良好。不能通过门窗实现自然通风的房间采用辅助通风方式，保证室内环境符合相关标准的要求。室外风环境模拟分析显示，夏季来流风向为东南风，整个项目室外流场较为均匀流畅，自然通风效果较好，冬季室外人行区最大风速低于 5m/s，符合国家标准《绿色建筑评价标准》GB/T 50378—2014 的相关要求。

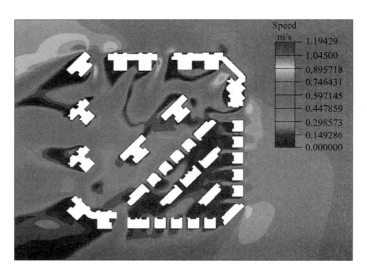

图 3-6-3 距地面 1.5m 高度处风速等值线图（冬季/NE/3.4m/s）

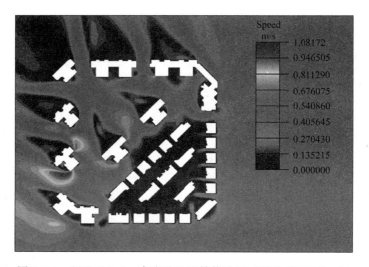

图 3-6-4 距地面 1.5m 高度处风速等值线图（夏季/SE/2.8m/s）

6.2.3 建筑遮阳

项目采用自遮阳形式实现遮阳隔热需求。建筑南北向设置平板遮阳设施或遮阳百叶，外窗遮阳系数不大于 0.9；东西向利用竖向造型构件以及外伸阳台实现综合遮阳效果，东西向外遮阳系数严格控制小于 0.8。此外，建筑场地内高大的乔木可有效为辅助用房及行人通道遮挡阳光，降低辅助用房的空调能耗需求，并为行人提供更加舒适的室外空间。

图 3-6-5 建筑遮阳隔热措施

6.3 节能效果分析

6.3.1 项目能源利用

项目建筑功能主要为高层住宅、别墅以及社区配套等，主要用能类型包括电力、燃气及水。具体能耗情况如表 3-6-2 所示。

项目综合能耗 表 3-6-2

名称	实物消耗量	折算标准煤系数	折标准煤（t）
电	341.57 万 kWh	0.1229kgce/(kWh)（当量值）	419.79
天然气	15.86 万 m³	1.2143kgce/m³	192.65
水	22.56 万 m³	0.0857kgce/m³	19.33
总计			631.77tce

项目年用电量为 341.57 万 kWh，相当于当量标煤量 419.79t；年用水量为 22.56 万 m³，相当于年总耗煤量为 19.33t；年用气量为 15.86 万 m³，折合标准煤量为 192.65t。

6.3.2 项目的节能量

项目采取适宜的节能措施和管理手段，可获得较好的节能收益，表 3-6-3 定量给出采用节能灯具、高能效比空调系统、节水型器具和太阳能热水系统之后的节能量汇总。依据项目采取的节能措施，项目在建成运营实施之后，每年将节约电量 44.53 万 kWh，节约水量 3.82 万 t，节气约 12.99 万 m³，项目年总节能量为 215.79tce/a。

年节约用能主要数据表   表 3-6-3

采用的节能措施	节水量（万 m³/a）	节电量（万 kWh/a）	节气量（万 m³/a）	折算标煤量（t）	增量成本（万元）	年节约运行费用（万元）	静态投资回收期
节能灯具	—	18.05	—	22.18	15	14.08	1.07
高能效比空调系统	—	26.48	—	32.54	—	20.65	—
中水绿化灌溉	1.768	—	—	1.52	20	5.30	3.77
节水型器具	2.05	—	—	1.76	—	6.15	—
太阳能热水系统	—	—	12.99	157.73	200	41.57	4.81
总节煤量（tce）				215.79			

注：根据海口市物价局网站，海口市居民用电电价水平为 0.78 元/kWh，水价为 3 元/t，居民用天然气价格 3.2 元/m³，非居民用天然气价格为 4.7 元/m³。

6.3.3   生态效益分析

项目充分利用被动式技术，在建筑规划设计阶段优化区域布局及建筑设计，形成良好的室内外通风环境，项目场地内风速分布均匀、流畅，无局部气流死角，通过合理布置绿化带的位置，起到了较好的导风引流作用，主体建筑内部功能布局合理，有利于形成穿堂风，从而改善室内空气品质，降低空调能耗。在下垫面的改善设计上，项目通过绿地，植草砖停车场和铺设透水砖等方式增大项目透水地面面积比率，从而有利于改善项目的微气候，取得节能减排和生态环保的双赢。

项目绿化率达到 40%，对周围生态环境起到很好的保护和促进作用。同时，项目设计采用了多项节电、节水和节气的措施，每年将节约标煤量 215.79t，各项节能措施所带来的污染物减排量如表 3-6-4 所示。

年节能减排数据表   表 3-6-4

名称	CO_2（t）	SO_2（t）	NO_x	烟尘（t）
排放系数（t/tce）	2.457	0.0165	0.0156	0.0096
污染物减排量	530.20	3.56	3.37	2.07

6.4   项目总结

项目通过采用节能灯具、高能效比空调系统、中水回收利用、节水器具和太阳能热水系统等节能技术与措施，项目每年的总节能量折合当量标煤为 215.79t，综合节能率为 62.73%，如表 3-6-5 所示，项目整体达到《夏热冬暖地区居住建筑节能设计标准》JGJ 75—2012 节能 50% 以上的要求。

项目设计的节能措施的节能量汇总   表 3-6-5

名称		参照建筑年能耗	项目年总能耗	节能量
电力	万 kWh	386.1	341.57	44.53
	tce/a（当量标煤）	474.52	419.79	54.73

续表

名称		参照建筑年能耗	项目年总能耗	节能量
水	万 m³	26.38	22.56	3.82
	tce/a	22.61	19.33	3.27
燃气	万 m³	28.85	15.86	12.99
	tce/a	350.44	192.65	157.79
综合能耗	tce（当量标煤）	847.57	631.77	215.79

节能率：（847.57/0.5－631.77）/（847.57/0.5）＝62.73％。